JN418994

핵전쟁에서도 살아야 한다
생존상식
10단계
KRIMA
21세기군사연구소

국립중앙도서관 출판예정도서목록(CIP)

생존상식 10단계 : 핵전쟁에서도 살아야 한다
지은이: 박휘락. -- 서울 : 21세기군사연구소, 2015
p. ; cm

ISBN 978-89-87647-61-6 03810 : ₩10000

핵폭발[核爆發]
핵 정보[核情報]
재난 대비[災難對備]

539.997-KDC6
628.92-DDC23 CIP2015016248

차 · 례

핵전쟁에서도 살아야 한다 _ 생존상식 10단계

서 문

불이 날 것이 확실해서 소화기를 준비하는 것이 아니다. 사고가 날 것이 확실해서 자동차 보험을 드는 것이 아니다. 암에 걸리는 것이 확실해서 암보험을 드는 것이 아니다. 가능성이 있으면 대비하는 것이다. 대비해야 큰 손해를 보지 않기 때문이다.

보고 싶지 않아서 회피한다고 현실은 없어지지 않는다. 북한은 핵무기를 보유하고 있고, 이를 미사일에 탑재하여 공격할 수 있으며, 우리의 방어력은 한계가 있다. 한반도에서 핵이 폭발할 가능성은 분명히 존재한다.

국민들을 불안하게 만들까봐 한국에 대한 외국인들의 투자가 끊어질까봐 등의 핑계로 언제까지 현실을 외면할 것인가? 매도 미리 맞는 것이 낫다고 한다. 걱정이 있다면 조치해야 없어진다. 행동이 필요한 상황이다.

북한의 핵사용 억제와 그에 대한 방어를 연구하다가 핵폭발 시 생존에 관한 상식서가 필요하다는 것을 깨달았다. 조그마한 상식이 유사시 생사를 좌우할 수도 있다는 것을 알게 되었다.

필자도 경험하지 못한 상황이라 모든 내용이 정답이라고 말할 수는 없다. 실제로는 근사치이지만 암기하기 쉽도록 단정적인 숫자를 사용했다. 그래서 틀린 내용도 있을 지 모른다. 그러나 핵대피에 대한 필요성 인식과 대체적인 방향을 이해하는 출발점은 될 것이다. 불안감은 다소 해소될 것이다. 근거없는 유언비어에 흔들리지는 않게 될 것이다.

핵대피에 있어서 특별한 생존책이 있는 것은 아니다. 상식에 해당되는 것들이 대부분이다. 그럼에도 불구하고, 이것을 아는 것과 모르는 것은 생존과 죽음의 차이를 만들 수 있다. 30분 정도에 걸쳐 한번만 읽어도 큰 차이가 발생할 것이다.

아직도 대다수의 국민들은 핵대피 등에 본능적인 거부감을 가질 것이다. 그래서 10단계로 나눠서 서서히 난해도를 높였다. 거부감이 큰 사람은 1단계만 읽어도 된다. 더 읽고 싶으면 2단계, 3단계, 4단계 등으로 조금씩 넘어가면 된다.

이 책의 기본적인 목적은 9단계에서 종료된다. 그러나 추가적으로 더욱 알고 싶어하는 사람들을 위하여 10단계의 부록을 마련하였다. 여기에 북한 핵위협의 실상, 한국의 대응수준, 다른 국가의 민방위 활동, 그리고 총력전 전쟁대비의 필요성에 관한 사항을 수록하였다. 다소 전문적인 사항이지만, 찬찬히 읽을 경우 이해가 그다지 어렵지는 않을 것으로 생각한다.

가장 중요한 것은 실천이다. 아이러니지만 이 상식서가 필요하지 않도록 하려면 이 상식서가 필요할 것이다.

1단계_상황의 심각성 인정

1단계 : 상황의 심각성 인정

북한이 핵무기를 사용하면 어떻게 되는가?

겉으로 드러내지는 않더라도 이 질문은 대부분의 한국 국민들이 마음 깊숙한 곳에 지니고 있다. '인생무상'(人生無常)이라거나 '어떻게 되겠지'라고 애써 생각하지 않으려지만 문득 문득 떠오르는 불안감을 떨쳐버릴 수는 없다. 북한의 핵개발에 관한 톱기사가 나올 때마다 이 의문은 더욱 강화된다. 민족 특유의 낙관주의로써 애써 억누르고 있지만, 이 질문은 한시도 우리의 머리 속에서 떠나지 않고 있다.

우리는 어떻게 해야 하나?

조금 더 현실적인 국민들은 이 질문을 떠올리게 된다. 금방 답이 나올 리 없다. 핵무기 공격을 받으면 생사가 의미 없을 정도로 피해가 클 것이라면서 포기해버린다. 그래도 일부의 국민들은 살아날 방도가 있을 거라고 생각하고, 이곳 저곳에서 답을 찾아본다. 명확한 답을 찾는 것이 어렵다. 어느 순간 탐구노력도 흐지부지 없어진다. 미련은 있지만 체념이 점점 커진다.

모두 죽는 거지 뭐!

핵폭발에 관한 사항을 이야기할 때 대부분의 사람들이 내뱉는 말이다. 이왕 죽을 거니 폭발의 원점을 찾아가 고통없이 죽을 거라는 사람도 있다. 그러다가 북한은 절대로 핵무기를 사용하지 못할 것이라면서 핵폭발 상황 자체를 부정하기도 한다. 어떤 말이나 조치로도 마음 한구석에서 점점 커지고 있는 불안감을 없앨 수는 없다. 결국 술잔을 들이키고는 재미없는 이야기 그만하자면서 화제를 바꾼다.

가족들은 살려야지!

책임감이 강한 사람들이 떠올리는 질문이다. 가장(家長)의 위치에 있는 사람들은 머리 한 구석에 항상 이 질문이 도사리고 있다. 지하시설이나 땅 속으로 들어가야 한다는 것 정도는 안다. 스위스와 같은 국가는 전 국민이 대피할 수 있는 시설을 갖추어두고 있다는 이야기를 듣게 된다. 뭔가 평소에 준비를 해둘 필요가 있다고는 느낀다. 그러나 뭘 해야할 지는 알지 못한다. 해야할 일을 하지 않고 있는 듯한 찝찝함이 떠나지 않는다.

죽는 사람보다 사는 사람이 많다

대부분의 사람들이 어렴풋하게 알고 있듯이 핵무기가 폭발한다고 하여 모두가 죽는 것은 아니다. 모든 도시가 폐허가 되는 것도 아니다. 민족의 역사가 중지되는 것도 아니다. 분명히 죽는 사람보다는 사는 사람이 많다. 노력하면 할수록 사는 사람들이 늘어난다. 사전에 대비해두는 만큼 더욱 많은 사람들이 살 수 있다. 민족의 역사를 포기할 수 없는 것 아닌가? 내가 살아야 나라가 살고 민족이 영속하게 된다.

인간이 극복못할 재앙은 없다

핵폭발이 아무리 무시무시하더라도 인간의 지혜가 극복하지 못하는 것은 아니다. 기본적인 상식만 지니고 있어도, 조금만 더 대비하도, 조금만 더 지혜롭게 행동해도 핵폭발의 피해는 훨씬 줄어든다. 노력해서 사는 것보다 노력하지 않은 채 고통 속에서 죽어가는 것이 더욱 힘들 수도 있다. 폐허를 딛고 살아나 환호한 후 또다시 문명을 건설하는 것이 우리 인간이다. 그 일원이 되지 않겠는가?

2단계_피해 알기

2단계 : 피해 알기

핵무기 폭발에 의한 피해

핵무기가 폭발하면 섬광(flash), 열(heat), 폭풍(blast), 그리고 방사선(radiation)이 강력한 형태로 방출되어 피해를 끼친다. 각 효과의 규모와 비중은 당연히 핵무기의 크기와 종류, 당시의 기상상태, 지형, 폭발의 고도에 따라서 달라지지만, 대체적으로 폭풍 효과가 가장 크다.

핵폭풍의 경우 원점(原點) 가까이에서는 대형 빌딩도 붕괴시킬 정도로 위력적이다. 빌딩이 무너지면서 깔리거나 갇혀 죽는 사람이 많을 것이다. 유리 등의 비산물질이 폭풍에 의하여 날아다니면서 살상무기로 둔갑하게 된다. 폭풍의 피해지역의 범위는 폭발위력에 따라서 달라진다. 예를 들면, 10kt의 핵무기가 폭발할 경우 반경 800m까지는 심각한 피해, 2km까지는 상당한 피해, 5km까지는 유리창이 파손되는 경미한 피해가 발생한다.

【10kt 핵무기 폭발 시의 거리별 압력과 풍속】

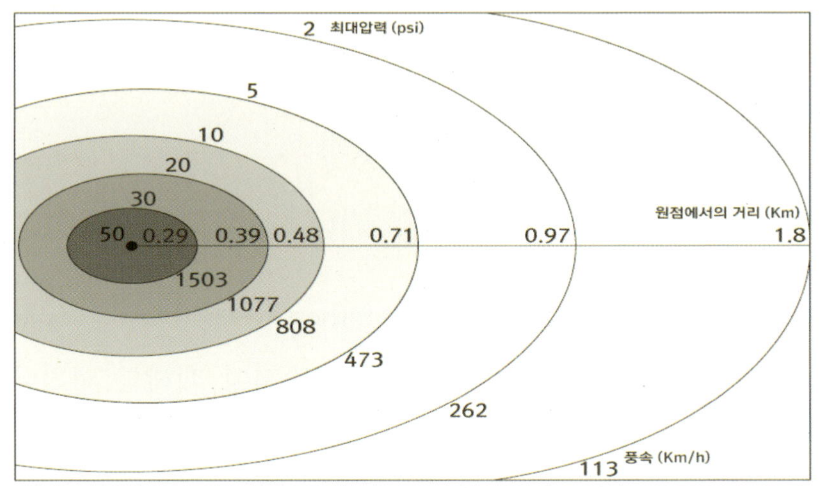

출처 : National Security Staff Interagency Policy coordination Subcommittee, *Planning Guidance for Response to a Nuclear Detonation*, 2nd edition (FEMA, June 2010), p.16.

핵폭풍과 함께 강력한 열복사선이 방사(放射)되어 목격한 사람들의 눈을 멀게 하거나 화재를 유발하거나 사람에게 심각한 화상을 입히게 된다. 폭풍으로 송유관, 가스관, 송유탱크 등이 파괴됨으로써 발생하는 2차 화재도 심각한 피해를 끼칠 수 있다. 소방팀이 가동될 수 없다는 것이 더욱 큰 문제이다.

방사선의 경우 핵폭발 시 방사(放射)되는 초기 핵방사선(initial nuclear radiation)과 시간을 두고 방사되는 잔류 핵방사선(residual nuclear radiation)으로 구분한다. 초기 핵방사선은 원점 근처만 피해를 주지만, 잔류 핵방사선은 핵폭발

시 공중으로 빨려 올라가 방사능을 함유하게 된 낙진(落塵, fall-out)에 의한 것으로, 바람에 따라 이동하면서 상당한 지역과 시간에 걸쳐 방사선으로 피해를 끼치게 된다. 낙진은 크기에 따라 가까운 곳에서부터 떨어지는데, 대체적으로 원점부터 15~30km 정도까지 떨어져 땅에 쌓인다. 미세한 낙진은 150~300km까지도 날아간다.

핵무기가 폭발하면 전자기파(EMP: Electromagnetic Pulse)도 발생하는데, 이것은 번개가 치는 것과 유사한 효과를 전자 및 전기 계통에 끼친다. 통신선, 안테나, 전기선, 배관 등의 전도체를 통하여 전달되어 전기 및 전자 장비의 기능고장을 유발하거나 심하면 부품이 타게 된다. 다만, 전자기파 자체가 인명피해는 유발하지 않고, 전도체에 연결되지 않으면 피해를 유발하지 않는다. 10kt 규모의 핵무기가 폭발할 경우 원점으로부터 10km 이하의 범위에 국한되고, 폭풍이나 낙진에 비하면 경미한 피해라고 할 수 있다.

핵폭발이 발생하면 상당수가 사상을 당하는 것은 물론, 사회의 제반 기반시설이나 기능이 제대로 가동되지 않게 된다. 따라서 핵폭발로 발생한 피해가 전혀 수습 및 통제되지 못하여 대혼란에 빠질 우려가 크다. 상상할 수 없을 정도로 큰 핵무기의 피해에 대부분의 사람들은 극도의 공포심을 느끼면서 공황상태에 빠진다.

낙진에 의한 피해

핵폭발로 인한 폭풍, 빛, 열, 초기방사선, EMP 등은 순간적으로 종료되지만, 낙진(잔류방사선)은 지속적인 피해를 끼친다. 이미 깨달았을 때는 폭풍, 빛, 열, 초기방사선, EMP의 피해는 받아버린 상태라서 어떻게 할 방법이 없는 상태이지만, 낙진의 피해는 감소시킬 수 있다. 그래서 대부분의 국가에서는 다양한 형태의 낙진대피소(fallout-shelter)를 구축한다. 낙진은 바람을 따라 이동하기 때문에 바람의 방향과 속도를 계산하여 영향지역을 판단하고, 대비하게 된다.

낙진에서는 알파(α)선, 베타(β)선, 감마(γ)선의 방사선이 유출된다. 이 중에서 알파선은 치명성이 적고, 베타선은 옷만 입어도 투과하지 못하여 대비가 쉽다. 그러나 감마선은 대부분의 물질과 사람의 몸을 그대로 통과하여 장기, 혈액, 뼈에 치명적인 손상을 가한다.

다행히 낙진의 방사능 강도는 시간이 흐름에 따라 급격히 감소된다. “7-10 규칙”(seven-ten rule)이라고 하듯이 7배 시간마다 1/10로 감소된다. 핵폭발 1시간 이후 낙진의 방사능 강도는 7시간 지나면 1/10, 49시간(2일) 지나면 1/100, 343시간(14일) 이후에는 1/1,000이 된다. 그래서 핵폭발 후 대체적으로 2일만 견디면 간헐적인 활동이 가능하고, 2주 후에는 전반적인 활동이 가능하다고 말하는 것이다. 비가 오면 낙진의 방사능은 더욱 빨리 줄어든다.

【시간에 따른 낙진 방사능의 감소】

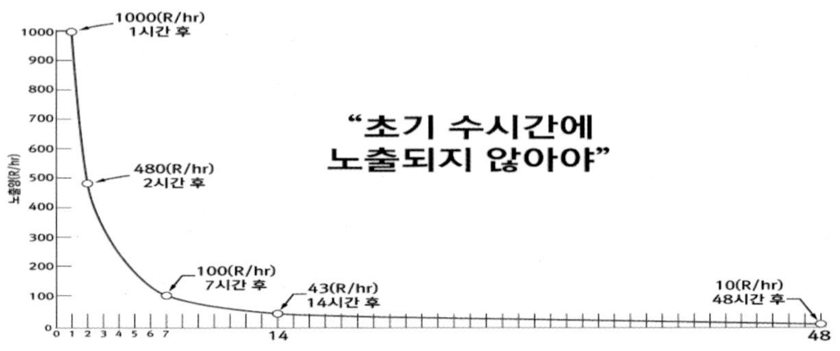

출처 : Cresson H. Kearny, *Nuclear War Survival Skills* (Cave Junction, Oregon: Oregon Institute of Science and Medicine, 1987), p. 12.

소량의 방사능에 노출되더라도 우리의 신체는 스스로 제독한다. 다만, 핵폭발의 경우 방사능의 정도는 대부분 신체가 수용할 수 없을 정도의 치명적인 강도라는 것이 문제이다. 피해 정도는 개인별 건강상태에 따라 다르지만 일반적으로는 200R/hr 이하면 어지럼증, 구토, 피로, 두통의 증상은 있으나 합병증 이외에는 사망하지 않는다. 450R/hr~600R/hr이면 출혈, 탈모, 설사의 증상과 함께 폐렴이나 장염 등의 질병을 앓게 되고 1/2 정도가 사망한다. 600R/hr~1,000R/hr이면 앓다가 대부분이 사망하고, 그 이상이면 즉시 사망한다. 핵폭발의 폭풍이나 화염에 의해 피해를 입은 상태에서 방사선에 추가로 노출될 경우에는 적은 양의 방사능도 치명적일 수 있다.

3단계_주요 원칙 숙지

3단계 : 주요 원칙 숙지

〈일반〉

1. 핵무기 공격이 국가·국민·개인의 종말은 아니다.

2. 사전에 대비하거나 적절히 조치할 경우 핵폭발에서도 살아날 수 있다.

3. 확실한 경우가 아니면 이동에는 신중해야 한다.

4. 다만, 핵폭발 이후에는 낙진의 경로에서 벗어나고자 노력해야 한다.

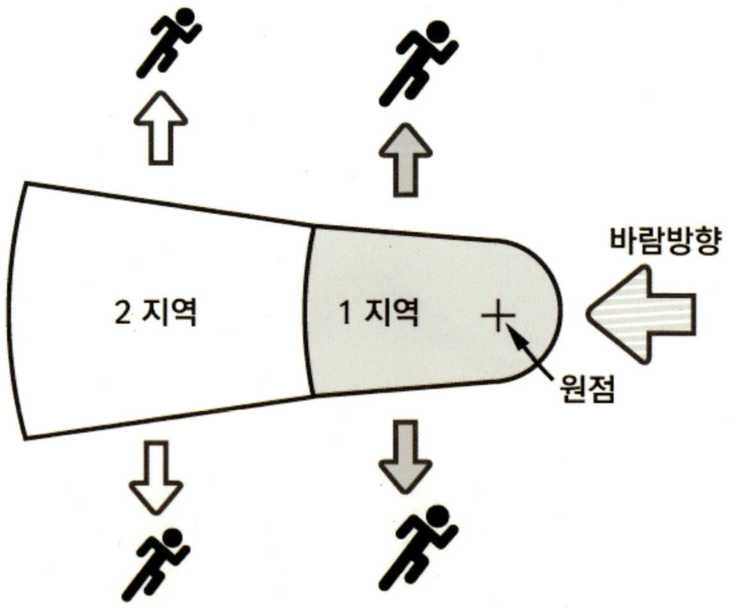

5. 핵폭발에서 국가가 해줄 수 있는 바는 많지 않다.

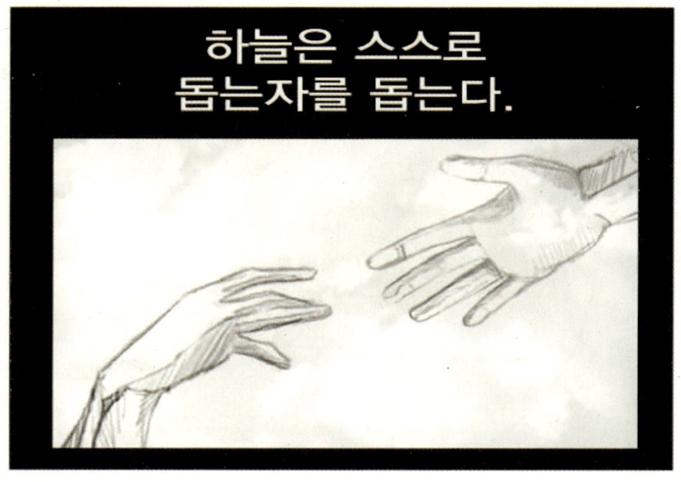

6. 대비하는 만큼 생존확률은 높아진다.

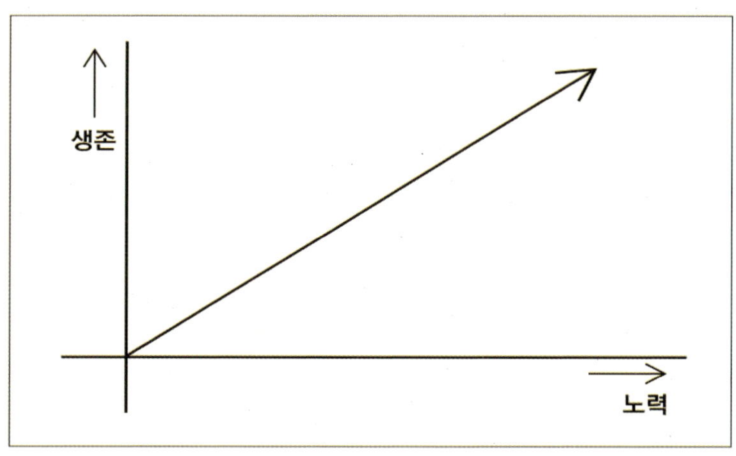

7. 용기를 잃지 않아야 한다.

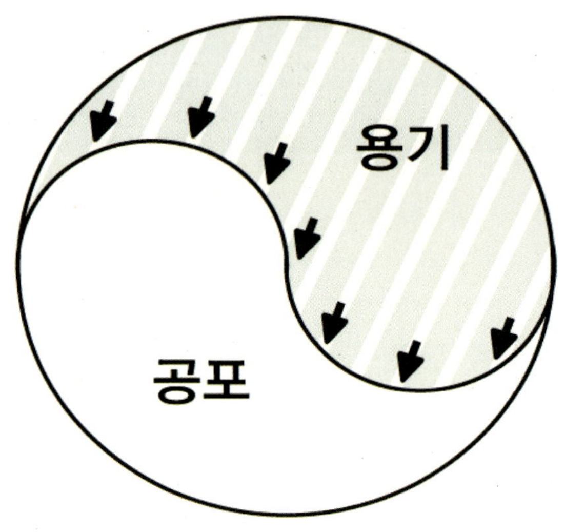

〈대피〉

1. 가까운 지하시설로 대피해야 한다.

2. 30cm 이상의 콘크리트, 60cm 정도의 흙이면 방사선을 차단할 수 있다.

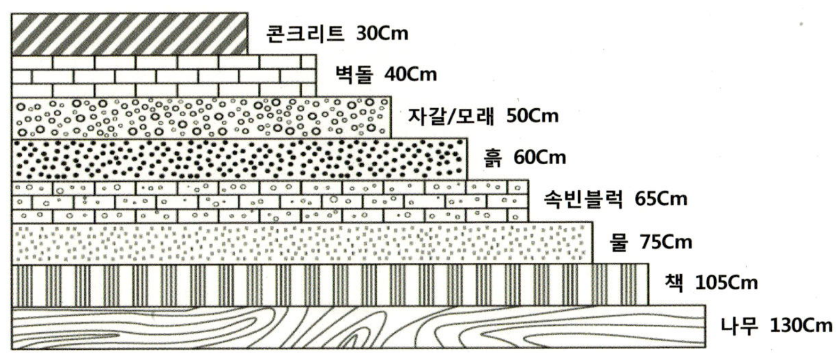

출처 : Federal Emergency Management Agency, *Protection in the Nuclear Age* (Washington D.C.; FEMA, June 1985), p. 18.

3. 2주간 생활할 수 있도록 준비해야 한다.

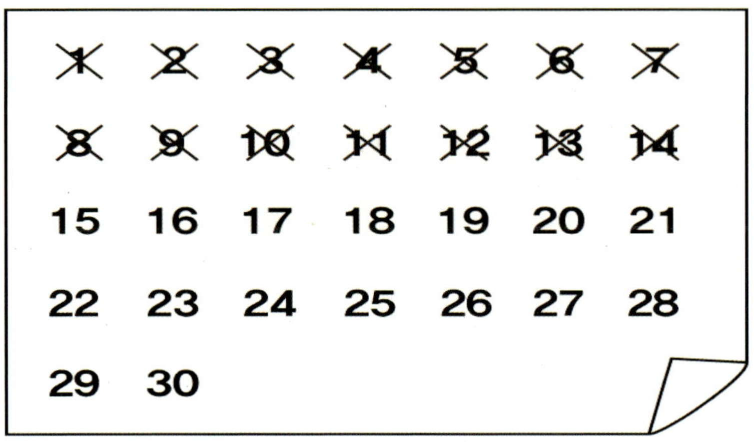

4. 환기, 물, 음식, 위생이 요체이다.

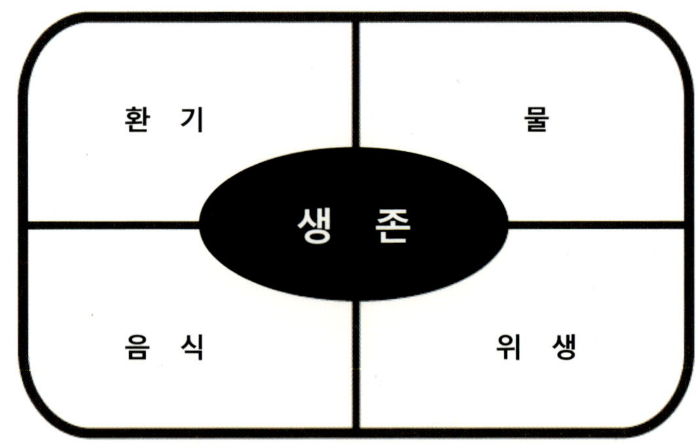

5. 라디오, 후래쉬, 침낭, 구급약, 용변처리 도구도 준비해야 한다.

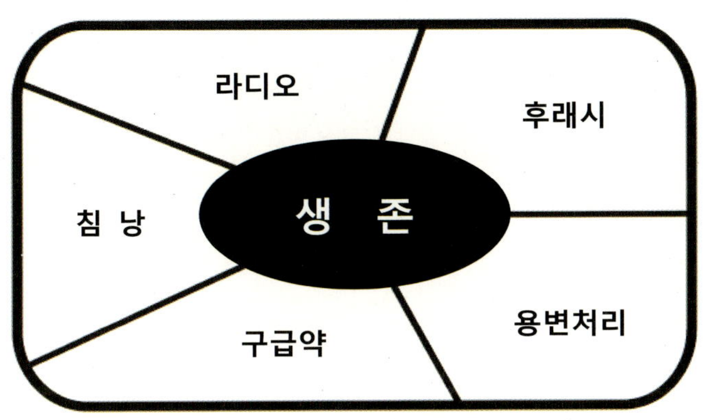

6. 엄격한 생활규칙으로 질서를 보장해야 한다.

"리더쉽과 팔로워쉽"

7. 가족의 안부보다 각자의 생존이 우선이다.

나 생존 ➔ 가족 생존 ➔ 국가 생존

4단계 _ 원칙의 세부내용 이해

4단계 : 원칙의 세부내용 이해

〈일반〉

1. 핵무기 공격이 국가·국민·개인의 종말은 아니다.

핵무기의 위력이 상상하기 어려울 정도로 큰 것은 사실이지만, 몇 발로 국가나 민족을 멸망시키지는 못한다. 강대국의 메가톤급 핵무기가 아니면 하나의 도시를 없앨 수 없다. 북한이 보유하고 있는 것으로 추정되는 10~20kt 정도의 핵무기가 폭발한다면, 반경 1km 내에서는 가공할 위력의 폭풍과 화염이 발생하여 심각한 피해를 끼치지만, 그것을 벗어나면 피해가 점점 경미해진다. 대부분의 국민들은 낙진에 의한 방사선 피해를 받게 되는데, 이의 피해는 대피할 경우 상당할 정도로 감소시킬 수 있다. 심각한 핵무기 공격을 받더라도 대부분 사망자보다는 생존자가 많다.

2. 사전에 대비하거나 적절히 조치할 경우 핵폭발에서도 살아날 수 있다.

일반적인 재해 및 재난도 그러하지만, 핵폭발의 경우에도 사전에 철저하게 준비하거나 유사시에 효과적으로 대응할 경우 상당한 피해를 줄일 수 있고, 개인은 생존할 수 있다. 준비와 대응이 철저할수록 생존율은 증대될 것이다. 이 경우 생존을 위한 상식을 숙지하는 것이 중요하다. 작은 상식을 몰라서 죽을 수도 있고, 알아서 살 수도 있다. 어떤 상황에서든 생존을 포기하지 않아야하고, 염려하는 자세로 대비해두는 것이 중요하다. 방사선에 일부 노출되었다고 하더라도 포기하지 말고 추가로 노출되지 않도록 최선의 노력을 경주해야 한다.

3. 확실한 경우가 아니면 핵폭발 전 이동에는 신중해야 한다.

핵무기에 의한 공격 위협이 있을 경우 대부분이 생각하는 것은 안전하다고 생각하는 지역으로 이동하는 것이다. 그러한 지역이 있다면 최선이다. 그러나 어느 지역에 핵무기 공격이 가해지거나 가해지지 않을지 사전에 아는 것은 현실적으로 어렵다. 다수의 사람들이 한꺼번에 이동할 경우 심각한 혼란이 야기될 것이고, 그 와중에서 예상치 않는 피해도 발생할 것이다. 이동하는 도중에 핵무기 공격을 받거나 낙진에 노출될 경우 무방비 상태에서 피해를 받아야한다. 현 거주지역을 이탈하는 것은 불가피하다는 확신이 설 경우 이외에는 자제할 필요가 있다.

4. 다만, 핵폭발 이후에는 낙진의 경로에서 벗어나고자 노력해야 한다.

핵공격이 전면적으로 다수 감행될 때는 어쩔 수 없지만, 핵폭발이 일어난 지점을 알고 있을 경우에는 낙진의 경로에서 신속하게 벗어나고자 노력할 필요가 있다. 낙진 하에서 지하에 사는 것보다는 낙진이 없는 곳에서 야지에 어렵게 사는 것이 더욱 쉽고 안전하기 때문이다. 이 경우 바람의 방향을 정확하게 파악할 필요가 있는데, 낙진이 이동하는 방향의 수직으로 최단거리를 이동하여 낙진경로에서 벗어날 필요가 있다. 다만, 추가적인 핵공격이 있을 수도 있다는 점에서 유사시 대피소를 구축하거나 상당한 기간 동안 생활할 수 있는 물품을 확보하여 이동하는 것이 바람직하다.

5. 핵폭발에서 국가가 해줄 수 있는 바는 많지 않다.

관념상으로는 핵무기에 의한 공격 시에도 국가가 상당한 보호책을 강구해줄 것으로 생각하기 쉽지만, 현실에서 그렇게 되기는 어렵다. 핵무기 폭발의 위력과 피해는 국가가 대응할 수 있는 수준을 초과할 가능성이 높기 때문이다. 정부의 관리들도 보통 국민들과 똑같이 핵폭발에 대한 희생자가 되어 사망 및 부상하거나 공황상태에 빠져 어쩔 줄 모를 가능성이 높다. 아무리 체계적으로 준비해둔 국가라도 핵무기 공격 직후에 기능을 발휘하기는 어렵다. 국민 각자가 노력하여 국가의 부담이 최소화할 때 진정으로 필요한 사람들에게 국가의 지원이 도달할 수 있다.

6. 대비하는 만큼 생존확률은 높아진다.

핵무기 폭발 시의 생존은 사전에 얼마나 대비하였느냐에 좌우된다. 준비가 없이는 대피소로 대피했다고 하더라도 필요한 기간만큼 견디는 것이 쉽지 않다. 사전에 조금만 대비해두었으면 어렵지 않게 생존할 수 있는 상황임에도 대비 미흡으로 사망해야 하는 경우가 적지 않을 것이다. 개인, 가족, 공동체별로 다양한 생존대책을 강구할 때 전체 국민들의 생존성이 높아진다. 사전 대비없이 임시방편으로 생존할 수 있을만큼 핵폭발은 간단한 사태가 아니다.

7. 용기를 잃지 않아야 한다.

핵공격과 같은 비극적 상황에 직면하면 모든 사람들은 공포에 질려 무엇을 해야할 지 모르는 공황상태에 빠질 수밖에 없다. 그와 같은 최악의 상황을 사전에 생각해보지 않았던 사람일수록 더욱 심각한 불안에 떨게 될 것이고, 이로 인한 피해가 핵폭발의 피해만큼 심각할 수 있다. 각종 유언비어에 휘둘리기도 쉽다. 비극적 상황일수록 국민 각자는 공포에서 벗어나 용감하게 생존에 필요한 조치들을 강구해야 한다. 그러할 때 다른 사람들도 공포와 공황상태에서 벗어날 것이고, 희망을 찾을 것이다. 극한상황에서 침착성을 유지할 수 있는 것이 가장 큰 용기이다.

〈대피〉

1. 가까운 지하시설로 대피해야 한다.

핵무기에 의한 공격이 임박하였거나 발생하였을 경우 최단 거리에 있는 대피소로 이동하는 것이 급선무이다. 그런 다음에 상황을 파악하여 다음 행동을 결정해야 한다. 핵무기가 폭발할 경우에는 그 이후의 몇 분이 결정적 피해를 끼칠 것이기 때문에 신속성이 가장 중요하다. 근처에 공공대피소나 가족대피소가 있으면 최선이지만 그렇지 않을 경우에는 지하철, 가까운 빌딩의 지하시설, 터널 등으로 일단 대피해야 한다. 평소부터 직장 및 집 근처에 있는 대피시설의 위치를 파악해두면 도움이 될 것이다. 상황에 따라 신속하게 이동할 수 있도록 차량을 항상 가용한 상태로 유지하는 것도 중요하다.

2. 30cm 이상의 콘크리트, 60cm의 흙이면 방사선을 차단할 수 있다.

핵폭발의 원점일 경우에는 폭풍, 열, 빛에 의해 심각한 피해가 발생한 상황이라서 대피 등도 무용할 것이다. 그러나 핵폭발 이후까지 생존하였다는 것은 원점에 있지 않다는 것이다. 그렇다면 낙진에 의한 추가피해를 입지 않도록 하는 데 최선을 다해야 한다. 따라서 낙진의 방사선을 차단할 수 있는 시설로 대피하거나, 안전한 공간을 만들어야 한다. 방사선은 조밀한 물질일수록 투과하기 어렵기 때문에 30cm 이상의 콘크리트, 40cm 이상의 벽돌, 60cm 이상의 흙으로만 막혀 있으면 대부분을 차단할 수 있다. 다만, 위에서 말한 정도의 물질로 사방을 차단해야 한다.

3. 2주간 생활할 수 있도록 준비해야 한다.

핵폭발 이후 방사능은 급격히 감소되지만, 최소한의 활동이 가능하려면 2주는 경과되어야 한다. 따라서 모든 대피활동은 2주 이상을 견딜 수 있도록 계획하고, 그에 맞춰 준비물을 갖춰야 하며, 대피소 내에서의 배급도 그를 기준으로 삼을 필요가 있다. 핵폭발 이전에 미리부터 대피할 경우에는 그만큼 생활의 날짜를 추가해야할 것이다. 좁은 공간과 열악한 여건 속에서 다수가 2주 이상을 견딘다는 것은 무척 어려운 일로서, 충분한 준비없이는 불가능하다. 최초의 며칠이 경과하면서 상황이 명확하게 파악되거나 2주간 생활하는 데 치명적인 어려움이 있을 경우 다른 지역이나 대피소로의 이동을 감수해야할 수도 있다.

4. 환기, 물, 음식, 위생이 요체이다.

2주간 생활하는 데 있어서 가장 기본적인 사항은 대피소 내부 공기를 순환 및 여과시켜 적정한 온도를 유지하면서 공기가 오염되지 않도록 하는 것이다. 두 번째는 2주일 동안 마시고 생활하는 데 필요한 물이고, 세 번째는 음식이다. 그리고 네 번째는 용변, 청결, 살균 등 위생이다. 어느 것 하나라도 소홀히 할 경우 생활은 어려워지고, 생존의 확률도 그만큼 낮아진다. 어려운 상황과 여건일수록 우선순위를 정확하게 선정하는 것이 중요하다.

5. 라디오, 후래쉬, 침낭, 구급약, 용변처리 도구도 준비해야 한다.

핵무기가 폭발하면 전기를 비롯한 모든 사회 인프라가 붕괴되기 때문에 원시적인 생활을 할 수밖에 없다. 이 중에서도 상황을 정확하게 파악하기 위해서는 배터리로 작동되는 라디오가 필수적이고, 지하라서 후래쉬도 필요할 것이며, 침낭 등의 수면도구와 구급약도 중요하다. 다수가 2주 동안 견디려면 용변통도 마련해야 한다. 초, 등불, 성냥 등도 필요할 것이다. 이러한 것들은 하나의 세트로 사전에 준비해두지 않을 경우 긴박한 상황 하에서는 제대로 챙기기가 어렵다.

6. 엄격한 생활규칙으로 질서를 보장해야 한다.

소홀히 하기 쉬운 것으로서 심각한 문제를 야기할 수 있는 것은 대피소 내에서의 공동생활 규칙이다. 이것이 제대로 정립되거나 준수되지 않을 경우 대피노력은 어려워지고, 인원 간에 심각한 물리적 충돌이나 투쟁이 발생하며, 스트레스가 쌓여 서로에게 피해를 끼칠 수 있다. 상황이 험악하고, 물자가 모자랄수록 힘을 바탕으로 한 강제와 약탈이 자행될 가능성이 높다. 대표자를 선출하여 지휘계통을 확립하고, 대피소 내에서의 의사결정체계, 공동생활을 위한 기본규칙, 물자분배의 기준 등을 사전에 공표하여 각자가 준수하도록 해야 한다.

7. 가족의 안부보다 각자의 생존이 우선이다.

핵폭발은 언제 어떤 상황에서 발생할 지 알 수 없다. 낮일 경우 가장은 직장, 가족은 학교 및 가정에 분산되어 있을 가능성이 높고, 저녁 때도 어떤 이유로든 가족이 분산될 수 있다. 가족은 가장 유대관계가 깊은 조직임으로 핵폭발 시 서로의 생사를 확인하고자 할 것이고, 극단적으로는 구해야 한다는 생각을 할 수 있다. 그러나 핵폭발은 워낙 위험하기 때문에 가족의 생사 확인보다는 각자가 자신이 처한 곳에서 최선을 다하여 생존하는 것이 더욱 시급하다. 내가 살고 나서 가족을 찾아야 한다. 가족단위 대피소(family shelter)를 구축해둘 경우 가족의 분산을 최소화할 수 있을 것이다.

5단계_대피 요령 습득

5단계 : 대피 요령 습득

〈요 점〉

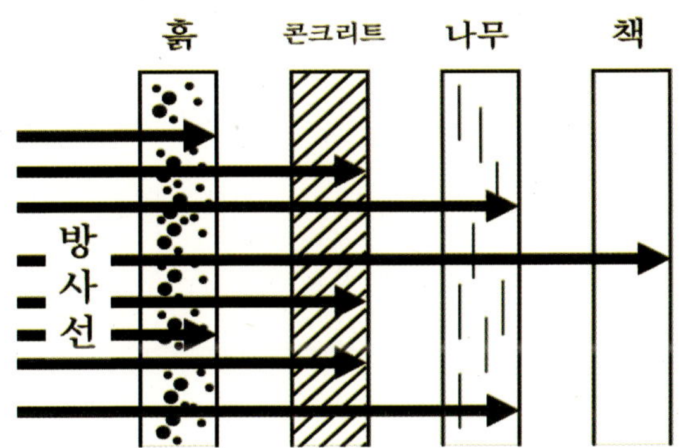

▲ 방사선을 차단하라.

방사선은 직선으로 방사된다. 조밀한 물질일수록 투과하지 못한다. 따라서 나와 낙진 사이에 조밀한 물질이 많이 존재하도록 하여 방사선이 차단되도록 만들어야 한다. 방사선을 차단할 수 있는 공간을 미리 만들어두었다가 내가 이동하거나 내가 사는 공간을 방사선 차단이 가능한 물질로 차단시키는 것이 기본적인 두가지 방법이다. 방사선에는 감마선 이

외에 베타선(옷을 투과하지 못함)도 있기 때문에 피부를 노출하지 않도록 옷과 모자를 착용하는 것이 중요하고, 필요할 경우에는 마스크를 착용해야 한다. 당연히 방사선에 오염된 옷은 벗어서 상자 등에 넣거나 버리고, 몸을 씻어내야 한다.

▲ 2주간 생활할 수 있어야 한다.

핵공격이 임박하였거나 발생하였다고 하여 황급히 대피소로 이동하는 데만 급급해서는 곤란하다. 핵폭발 후 방사능이 현저하게 감소되는 시간까지, 즉 대체로 2주 정도 대피소에서 생활할 수 있는 준비를 갖추어 이동해야 한다. 좁은 공간에서 다수의 인원이 2주간 생활할 때 필요로 할 것을 미리 판단하여 환기, 물, 음식, 수면, 위생, 공동생활 규칙 등에 관한 것을 준비해두어야 한다. 노약자나 어린이가 있을 경우에는 더욱 세심한 준비가 필요하다.

▲ 임시변통도 중요하다.

사전에 대비하지 못했더라도 방사선을 차단하면서 2주 정도 생활할 수 있는 공간을 신속하게 마련하면 된다. 빌딩의 한 가운데 있는 방, 아파트나 집의 내실이나 화장실 등의 취약부분을 신속하게 보완하여 임시대피소로 사용할 수 있다. 방 속에도 탁자 등으로 새로 공간을 만들어 추가적인 차단

벽을 설치할 수 있다. 시간이 가용할 경우 집이나 근처의 땅을 파서 임시대피소를 만들 수도 있다. 모두가 협력하면 생각보다 신속하게 대피소를 만들 수 있다.

▲ 집 가까이의 대피소를 확인 또는 마련해두라.

평소에 집이나 직장 근처에 있는 공공대피소나 대피소로 활용할 수 있는 곳을 확인해두는 것이 중요하다. 가까워야 준비물의 운반, 왕래가 용이하고, 심리적으로도 안정된다. 직장에서는 가까운 빌딩의 지하실, 집에서는 아파트의 지하주차장이나 단독주택의 지하실이 유리하다. 가족의 안부보다 각자가 일단 대피하여 생존하는 것이 중요하다.

▲ 평시부터 활용하라.

아무리 좋은 대피소도 평소에 사용하지 않으면 문제점이 발생한다. 잦지 않더라도 평소부터 일정한 용도로 사용하다가 최소한만 보완하여 대피소로 전환하는 것이 최선이다. 지하실을 대피소로 어느 정도 보완해둔 상태에서 휴식 및 오락을 위한 공간이나 취미생활 작업실로 사용할 수 있을 것이다. 가끔씩 대피소로의 전환을 연습해보고, 미흡한 부분을 보완할 수도 있다.

▲ 핵폭발 후 낙진이 도착하기까지 어느 정도 시간은 있다.

원점과의 거리나 바람속도에 따라서 달라지지만, 핵폭발이 발생하였다고 하여 바로 낙진이 떨어지는 것은 아니다. 하늘로 올라간 먼지가 다시 떨어지는 것이기 때문에 수분의 여유는 있다. 시간적 여유를 가진 상태에서 준비할 것은 준비하고, 조치할 것은 조치해야 한다. 다만, 지나치게 신중할 경우 실기할 우려가 있다. 따라서 방송에 귀를 기울여 정부의 안내와 통제에 적극 따라야 한다.

〈대피소의 종류와 형태〉

대피는 핵폭발의 피해를 덜 받을 수 있는 시설로 이동하는 활동을 말한다. 이것은 핵폭발과 관련하여 평시에 대비하거나 유사시 조치하는 사항 중에서 가장 실질적인 사항이다.

이상적인 대피소는 핵무기 폭발 시 발생하는 폭풍으로부터도 안전을 보장할 수 있는 폭발대피소(blast shelter)이다. 폭발 시 발생하는 폭풍, 초기 방사능, 열, 화재에 대한 전면적인 방호를 제공해주는 시설이다. 다만, 강력한 압력과 바람을 견딜 수 있는 지붕, 벽, 출입문을 설치되어야 하고, 관리하는 데 상당한 비용을 투자해야 한다. 모든 국민들에게 이 정도의 대피소를 제공하기는 어렵다.

【이상적 가족 대피소】

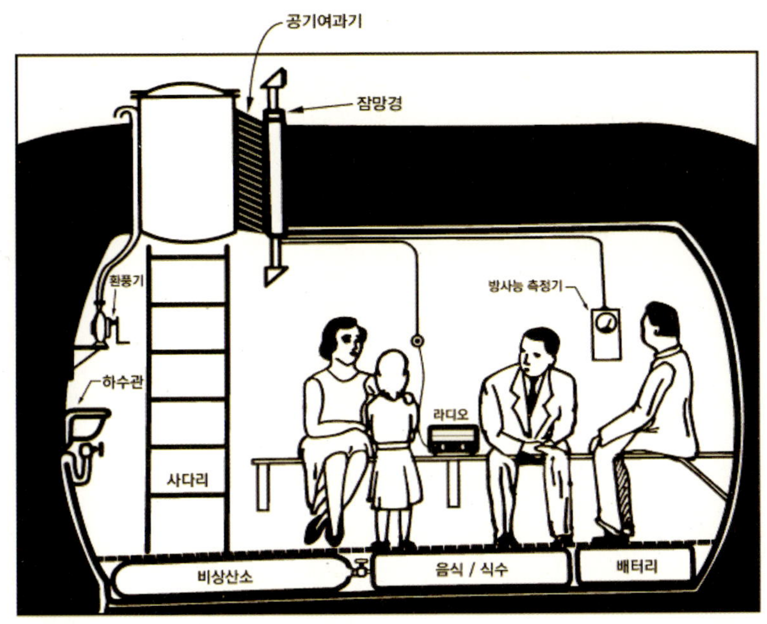

대부분의 국가에서는 '낙진 대피소'(fallout shelter) 구축에 중점을 둔다. 이것은 방사선을 차단할 수 있도록 벽, 지붕, 입구 등을 콘크리트 30cm, 벽돌벽 40cm, 흙 60cm 이상의 두께로 구축하고, 낙진의 방사능이 상당한 수준으로 감소되는 2주 정도를 수용인원이 생활할 수 있도록 공간과 물자를 제공한다. 대부분의 대피소는 낙진대피소이면서 폭발의 폭풍으로부터도 어느 정도 보호받도록 지붕, 벽, 출입문을 다소 강화하는 형태가 된다.

대피소는 구축의 주체에 따라 '공공대피소', '가족 및 개인

대피소', '공동대피소' 로 구분해볼 수 있다. 공공대피소는 국가나 지방자치단체가 구축하는 시설로서, 별도로 구축하거나 지하철, 터널, 대형빌딩 지하시설을 보강하여 사용할 수도 있다. 공공대피소가 가용하지 않을 경우에는 가족이나 개인 단위의 대피소를 구축 및 사용해야 한다. 다수의 가족, 즉 아파트 단지별로 공동의 대피소를 구축할 수 있다. 사전에 준비가 미흡할 경우 기존 공간의 벽을 가용한 물질로 채우거나 땅을 굴토하여 '간이대피소'도 구축할 수 있다.

〈대피소로의 이동〉

이론상으로는 핵공격이 임박할 경우 가장 안전한 장소는 공공대피소이다. 국가나 지방자치단체에서 낙진은 물론이고, 핵폭발까지도 어느 정도 견딜 수 있도록 설계할 것이고, 2주간 생활하는 데 필요한 물품 등도 사전에 비축해두고 있을 것이며, 추가행동에 대한 교육을 받거나 응급환자가 발생하였을 경우 조치받는 것도 용이할 것이기 때문이다. 공공대피소를 이용하기 위해서는 그 위치를 사전에 알아두어야 하고, 유사시 접근할 수 있는 통로, 그리고 이동에 소요되는 시간도 계산해둘 필요가 있다. 대피소에 구비되어 있는 물품 이외에는 가족 및 개인들이 별도로 준비 및 휴대하여 공공대피소로 이동하는 것이 유리하다. 다만, 공공대피소의 경우 사전 준비 정도에 따라 그 수준이 다양할 가능성이 크다. 제대로 구축 및 준비되지 않은 공공대피소일 경우에는 환기, 식수, 음식, 위생 등 모든 분야에 문제가 발생할 수 있고, 다수인이 밀집할 경우 질서유지의 문제 등 예상외의 사태가 발생할 가능성이 크다.

【대피소로의 이동 형태】

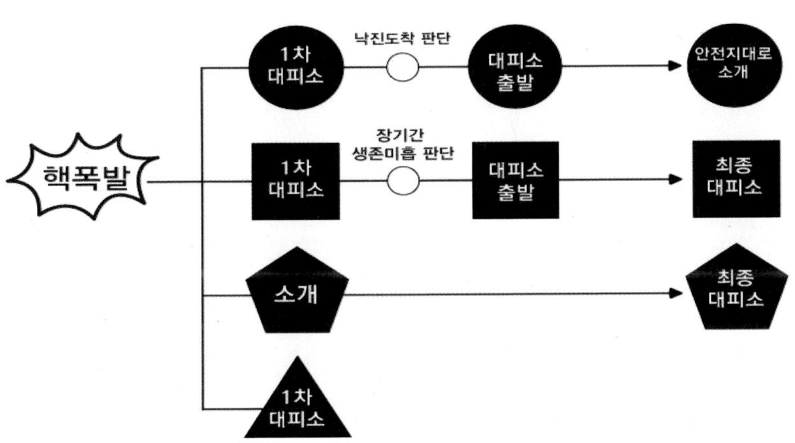

신뢰할만한 공공대피소가 없다고 판단할 경우 개인의 입장에서는 가족대피소나 개인대피소를 구축하지 않을 수 없다. 공공대피소가 가용하더라도 신속한 대피와 가족단위의 생활 측면에서 가족 및 개인별 대피소를 선호할 수도 있다. 가족의 경우 가장 유대감이 큰 단위로서 서로의 배려와 희생이 가능하고, 이방인과의 생활에 의한 스트레스를 견딜 필요가 없다는 것이 큰 장점이다. 또한 가족대피소를 사용할 경우 가족의 생사를 서로 몰라서 애태우는 상황도 줄어들고, 도중에 가족이 함께 안전한 다른 지역으로 소개하는 데도 유리하다. 아파트의 경우 다수의 가족이 협심하여 공동의 가족대피소로 보강할 수도 있다.

〈환기〉

미리 생각하는 것이 쉽지는 않지만, 2주 정도 다수의 인원이 밀폐된 공간에서 생활할 경우 환기를 통한 온도 및 공기의 질 조절은 중요하다. 낙진이 도달하면 외부공기 유입을 막도록 모든 틈을 막아야 하지만, 그렇게 할 경우 공기가 탁해지면서 기온이 상승하여 급격히 더워지고, 결국 대피한 사람들의 기력이 금방 쇠잔해질 수 있기 때문이다. 여름일 경우 환기와 온도조절은 치명적일 수 있고, 지하로 깊게 들어갈수록 어려움이 발생할 수 있다.

대피소를 구축할 때 배터리나 인력으로 가동시킬 수 있는 공기여과기와 환기도구를 설치해두는 것이 최선이다. 그렇지 못할 경우에는 낮은 곳에는 공기 유입구를 만들어 두고, 높은 곳에는 더운 공기가 자연적으로 유출되도록 굴뚝을 만들 필요가 있다. 당연히 덮개나 여과물질을 사용하여 낙진이 직접 들어오지 못하도록 해야할 것이다. 환기가 제대로 되지 않을 경우에는 나무와 베 등으로 큰 부채를 만들어서 수동으로 공기를 유입 및 배출시킬 필요도 있다.

【환기를 위한 부채 활용】

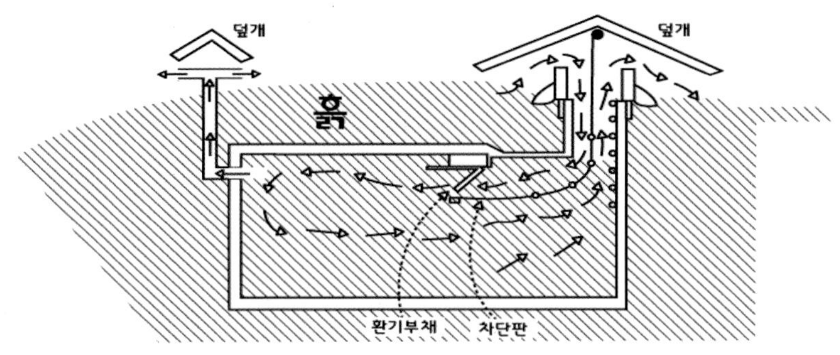

출처: Cresson H. Kearny, *Nuclear War Survival Skills,* p. 202.

〈식수〉

대피소에서의 생활에서 결핍될 가능성이 높고, 그렇게 되었을 때 결정적으로 위험할 수 있는 것은 식수이다. 식수는 사전에 준비하거나 보관하는 것이 쉽지 않기 때문이다. 보통 사람은 최소한 하루에 2리터 정도의 물은 마셔야 하고, 그 외에 요리나 씻을 물도 필요하다. 수돗물은 나오지 않거나 오염되었을 가능성이 크고, 펌프시설을 구축해두지 않을 경우 지하수는 가용하지 않을 가능성이 크다.

최선의 방안은 대피소로 이동할 때 수용인원들이 2주일 소요할 양의 식수를 준비하는 것이다. 플라스틱 병으로 보관할 수 있으면 최선이지만, 대량의 물은 큰 플래스틱통에 채워 뚜껑을 덮은 채 보관할 수도 있다. 대피소 준비 시에 큰 물통을 따로 묻어둔 후 호스를 이용하여 사용할 수도 있다. 물이 오염되어 있을 경우 정수제나 소독제를 사용하여야 한다. 그렇지 않을 경우 천으로 오물을 걸러 내거나 하루 정도 가라앉힌 다음 끓여서 먹어야 한다.

【임시 여과 장치】

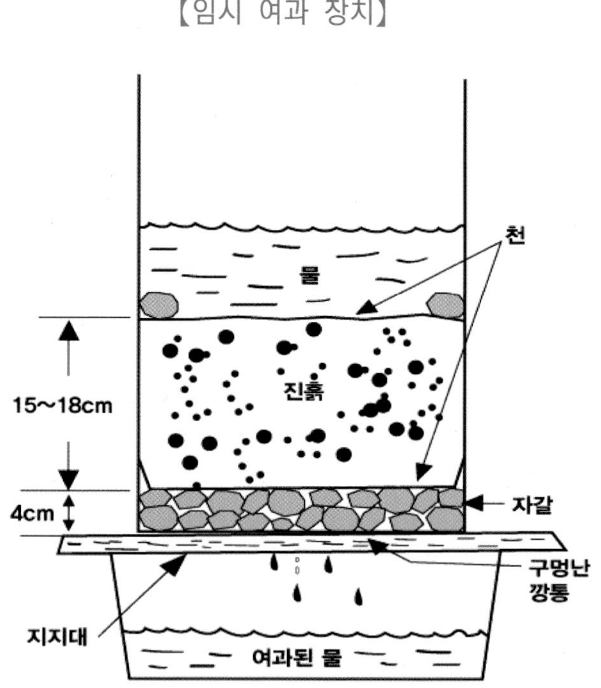

출처: Cresson H. Kearny, *Nuclear War Survival Skills*, p. 74.

수용인원보다 식수의 양이 적을 경우 효과적으로 분배해야 한다. 확보하고 있는 식수의 양이 적을 경우 기간별로 나눠서 분배하는 대신에 일단 최소 섭취량을 제공하면서 추가적인 식수를 확보하고자 노력해야 한다. 음식과 달리 식수는 최소 섭취량 이하일 경우 인체에 이상이 발생하여 더욱 문제가 심각해지기 때문이다.

추가식수로는 샘물이나 지하수, 뚜껑이 덮힌 우물물을 사용할 수 있고, 물 옆의 흙을 파서 여과되도록 만들어 사용할 수 있다. 깊은 호수의 경우 낙진이 밑으로 가라앉아서 도랑의 물보다는 안전하다. 도시의 경우에는 근처 집에서 가용한 물을 어느 정도 확보할 수 있다. 냉장고에 있는 우유, 얼음, 음료수, 과일, 주스, 보일러 온수통의 물, 변기통 위의 물, 집안 수도관의 물 등이 그것이다. 평소에 지하수를 펌핑할 수 있는 시설을 구축해둘 경우 매우 유용할 수 있다.

〈음식〉

대부분의 사람들은 음식의 중요성에 대해서는 본능적으로 이해하고, 어느 정도 준비할 가능성이 크다. 다만, 현대의 가정은 다량의 음식이나 음식재료를 보관하지 않기 때문에 갑자기 대피소로 이동할 경우 음식이 부족할 가능성이 높고, 경보가 내려진 제한된 시간에는 경쟁과 혼란으로 확보 자체가 쉽지 않을 수 있다.

식수와 달리 음식은 2주일을 계산하여 적정량을 효과적으로 배급하고자 노력해야 한다. 보통사람들은 평소의 1/2 정도만 먹어도 문제가 없고, 먹지 않더라도 수일을 지낼 수 있다. 어린이나 임산부는 충분히 공급하여야할 것이다.

대피소에서의 음식은 냉장고 저장이나 조리할 필요가 없는 통조림이나 진공포장된 음식이 바람직하다. 음식은 기본적으로 가용한 용기에 넣어서 청결하게 보관하고자 노력해야 하고, 상할 수 있는 음식은 지양해야 한다. 유사시 적정한 음식을 보장하고자 한다면, 사전에 준비해 둬야할 뿐만 아니라 주기적으로 교체하여 상하지 않도록 해야 한다. 상황이 악화될수록 음식의 저장량을 늘릴 필요가 있다. 평시 생활할 때부터 음식의 저장고를 대피소에서 운반할 수 있는 곳에 설치해둘 수도 있다. 어린이나 노약자가 있을 경우 음식준비에 더욱 신경을 써야할 것이다.

【균형된 식단 노력】

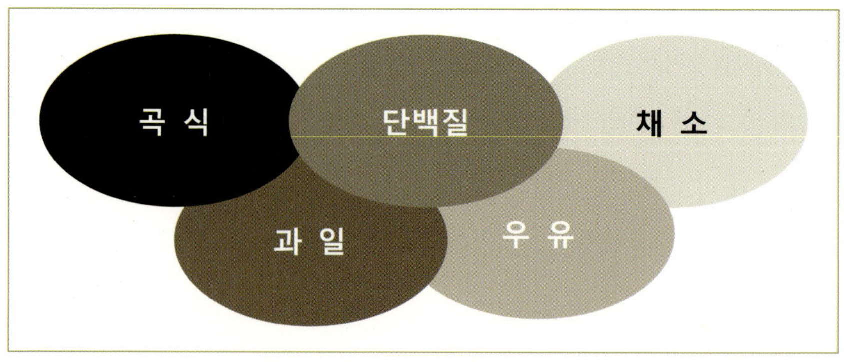

한국의 경우 주식이 쌀이어서 음식 준비가 편리할 수 있다. 쌀은 날로 먹어도 되고, 요리도 쉬우며, 많은 사람들이 먹을 양을 쉽게 운반할 수 있기 때문이다. 따라서 위기가 고조될 경우 집에 보관하는 쌀의 양을 증대시킬 필요가 있고, 일정량을 대피소에 미리 보관해둘 수도 있다. 쌀 이외에도 밀가루, 콩 등의 건조된 곡식을 준비해둘 수 있다. 또한 김치의 경우 보관이 용이하다는 점에서 대피 시 휴대하거나 미리 준비해둘 경우 유용할 수 있다. 대피소의 상황에 따라 다르지만, 요리가 불가피할 경우 최소한으로 제한하고자 노력하는 가운데 불을 사용할 수밖에 없다. 부탄가스와 버너를 준비하는 것이 편리할 것이고, 그 외에도 고체연료나 다양한 형태의 버너 등을 준비할 수 있을 것이다.

대피소에서 생활하면서 음식을 추가로 확보할 수 있다. 핵폭발로부터 며칠이 경과하였다면 짧은 시간 노출을 각오하면서 근처의 주택에서 포장된 음식이나 곡식 등을 찾아올 수 있다. 주택의 냉장고 안에 있는 음식은 안전할 가능성이 높다. 동물들은 방사선에 노출되었거나 노출된 풀과 물을 먹었을 것이기 때문에 육류는 가급적 먹지 않아야 한다.

음식은 부패하지 않도록 가능하면 건조 상태로 서늘한 곳에 저장하고, 습기가 차거나 벌레가 발생하지 않도록 유의해야 한다. 매일 음식을 순환시켜 저장하는 것도 하나의 방법이고, 소금을 활용하여 저장하는 것도 편리하다. 요리 및 취식도구도 깨끗하게 관리해야 한다.

〈위생〉

2주 동안 대피소에서 생활하는 데는 위생도 중요하다. 식수와 음식을 비롯한 모든 것을 청결하게 유지해야할 것이다. 물의 경우에는 필요 시 정수제를 준비하여 사용할 수 있고, 기타 우려되는 지역은 살균제로 살균할 필요가 있다.

중요하면서도 등한시하기 쉬운 것은 용변의 처리이다. 뚜껑이 확실하게 닫히는 쇠통을 확보하여 변을 본 후 뚜껑을 닫아서 보관하되, 살균제를 뿌려주면 더욱 좋다. 용기가 없을 경우에는 비닐로 작게 사서 바깥으로 멀리 던지는 방법을 강구할 수도 있다. 대피소를 준비할 때 변을 버릴 수 있는 구멍을 대피소와 조금 떨어진 곳에 마련해 둘 수도 있다. 소변의 경우에는 모우기도 쉽고, 쉽게 부패하지 않으며, 버리는 것도 어렵지 않지만, 대책을 강구하지 않을 경우 여전히 심각한 문제가 될 수 있다.

【위생 점검표 활용】

*✓는 양호

과제 \ 일수	1	2	3	4	5	6	...	14
양치/세수	✓							
속옷 갈아입기	✓							
몸씻기								
침구 청결								
소변 처리								
대변 처리								
냄새 제거								
쓰레기 처리								
환자 발생								
ㅇ								
ㅇ								

대부분의 대피소는 제대로 씻지 못한 상태에서 다수가 생활함에 따라 습해지거나 더워질 가능성이 크기 때문에 피부질환이 발생할 수 있다. 수건에 물을 적시거나 맨손으로라도 몸을 자주 닦아줘야 한다. 침구를 깨끗하게 관리하거나 서로 바꿔서 사용하지 않도록 하고, 옷도 깨끗하게 관리하며, 신발을 꼭 신도록 해야 한다. 또한 좁은 공간에 갇혀있기 때문에 호흡기 질환에 걸리기 쉽고, 한 사람이 걸리면 전염될 가능성이 크다. 이러한 상황을 고려하여 응급처치를 위한 약품도 구비하여야한다. 소독제, 해열제, 소화제, 지사제, 화상연고, 지혈제, 소염제 등을 준비하고, 반창고와 붕대도 준비하며, 방사능 노출 증상을 치료할 수 있는 약품도 구입해둬야

할 것이다. 이 외에 모기와 파리도 번성할 수 있기 때문에 공기 흡입구 및 배출구에 모기장을 설치할 필요가 있다. 오물이나 쓰레기도 잘 모았다가 필요하다면 바깥으로 버려야 한다.

생활하는 도중 사망자가 발생할 경우에는 바깥으로 버려야 한다. 낙진이 약해지기를 기다리되 냄새가 난다는 느낌이 들 경우에는 문을 열고 나가서 버린 후 되돌아와야 한다. 어떤 이유로도 내부에 시체를 오랫동안 보관하는 것은 바람직하지 않다.

〈기타〉

대피소 생활이라는 극한의 상황에서 편리성을 강조하기는 어렵지만, 불편함이 지나칠 경우 장기간 견디는 것이 어려울 수 있다. 따라서 흙벽은 천이나 비닐로 덮을 필요가 있고, 바닥도 비닐이나 골판지 등으로 덮어야 할 것이다. 개인별 침낭을 준비하는 것이 바람직하고, 2층 침대로 만들면 좋으며, 공중에 해먹을 달아서 잘 수도 있다. 간이의자도 만들어 사용할 수 있을 것이다. 유아나 노약자가 있을 경우에는 더욱 그들의 불편이 크지 않도록 준비 및 배려할 필요가 있다.

취사도구도 냄비, 후라이팬, 칼, 수저, 접시, 컵, 냅킨, 병따개, 통조림따개 등 다양한 도구를 구비해둘수록 편리하다.

배터리를 사용하는 라디오, 후래쉬, 랜턴, 예비 배터리 등도 필요하다. 초와 성냥으로 불을 밝힐 수 있어야 하고, 기름을 이용한 등불을 만들어 사용하면 편리하다. 지하실이나 지하주차장의 경우 자동차 배터리를 이용하여 불을 밝히는 방법을 강구할 필요가 있고, 초를 준비하거나 병에 식용유를 넣어 램프를 만들 수도 있다. 이 외에도 갈아입을 수 있는 내의, 성냥, 빗자루, 고무호스, 로프, 망치, 드라이버, 못 등도 필요하다. 심지어 화재가 났을 때를 대비해서 흙이나 식수로 사용하지 못하는 물은 소방용으로 준비할 필요가 있다.

언제 대피소를 떠날 것이냐는 것은 바깥의 방사선 농도가 어느 정도냐에 달려있다. 핵공격 이후 공기 중에 먼지가 보일 경우에는 아직 낙진이 떨어지고 있다고 봐야 한다. 방사선 측정기구가 있으면 측정해보는 것이 바람직하다. 라디오를 통하여 정부기관에서 바깥으로 나와도 된다고 하는 지를 잘 들어봐야 한다.

6단계 _ 소개 요령 습득

6단계 : 소개 요령 습득

〈요 점〉

▲ 확실할 때 소개를 하라.

적이 언제 어느 곳을 핵무기로 공격할 것이라는 사실이 확실하고, 교통 상황 등 이동하는 데 문제점이 없을 때는 소개(疏開)가 바람직하다. 그러나 핵무기 공격에 관한 정확한 정보가 사전에 주어지기는 쉽지 않고, 주어졌을 경우 다수의 경쟁적 이동으로 극도의 교통혼잡이 발생할 것이다. 또한 핵폭발이 발생한 후에도 공격지점, 낙진의 분포와 이동경로, 방사능의 강도 등과 같은 사항을 금방 파악하기 어렵고, 추가공격의 가능성도 배제할 수 없어 성급한 소개는 위험할 수 있다. 소개는 준비된 상태에서 전혀 준비되지 않은 상황으로 이동하는 것이라는 점에서 기본적으로 신중하게 결정해야 한다.

▲ 이동하여 생활하는 문제까지 고려하라.

안전하다고 생각하는 지역으로 이동하였다고 하여 위기가 종료되는 것은 아니다. 머물 지역이 계속 안전하다는 보장이 없고, 추가 핵공격도 있을 수 있으며, 추가공격의 낙진 영향을 받을 수도 있기 때문이다. 이동하는 도중에 핵공격 경보를 듣게 되면 부근의 대피소를 찾아가거나 가용한 여건을 활용하여 임시대피소를 구축해야 한다. 따라서 소개 자체만 고려해서는 곤란하고, 이동하다가 임시대피소를 구축하거나 수일 동안 생활할 각오 하에 필요한 다양한 도구와 물품을 준비해야 한다. 허둥지둥 이동할 경우에는 더욱 큰 낭패를 당할 수 있다.

▲ 가장의 상식과 단호한 결정이 필요하다.

그럼에도 불구하고 위험한 지역으로부터 안전한 지역으로의 소개는 핵상황 하에서의 생활을 비핵상황 하에서의 생활로 전환하는 것으로 너무나 효과적이다. 따라서 가장이 중심이 되어 충분한 정보를 파악하고, 정부의 안내에 따라 단호하게 소개를 결정해야할 필요도 있다. 대피소로 이동한 상태에서도 필요하거나 불가피하다고 판단될 경우 소개할 수 있다. 따라서 차량을 확보하고, 가족이 함께 행동하는 것이 중요하며, 가장은 리더쉽과 핵대피에 관한 충분한 상식을 지녀야 한다. 소개한 이후에는 정부의 안내와 지시에 더욱 귀 기울이고, 정부가 운영하는 임시 대피소나 수용소를 찾아가는 것이 효과적이다.

〈소개 여부의 결정〉

소개는 핵공격 전(前)이냐 후(後)이냐에 따라서 필요성의 정도가 크게 달라진다.

일반적인 소개 활동은 핵무기 공격을 당할 위험이 높은 지역으로부터 그렇지 않은 지역으로 이동하는 것으로서, 소개 여부를 쉽게 결정하기는 어렵다. 머뭇거리다가 실제로 핵공격이 가해진다면 회피할 수 있었던 피해를 감수하는 셈이 되지만, 성급하게 결정할 경우 핵공격도 가해지지 않은 상태에서 위험을 자초한 상황이 되기 때문이다. 적이 어느 도시를 공격하겠다고 공언한 후 다른 도시를 공격할 수도 있다. 현재의 위치가 핵공격의 표적이라는 확실한 정보가 있고, 이동하여 머물 안전한 지역이 있으며, 도로가 막히거나 통제되지 않고, 이동수단이 확실할 때만 소개를 선택하는 것이 합리적이다. 일단 대피소로 대피했다가 확신이 설 때 소개하는 것도 한 방법이다.

【소개 여부의 판단】

소개가 유리	소개가 불리
● 핵공격 위험지역 거주	● 핵 위험 지역 바깥 거주 임시 대피소 구축 가능
● 차량보유 및 도로 원활	● 차량 미보유, 교통 혼잡
● 자영업	● 공무원
● 대피소 구축 도구 보유 및 야지생활 물품 보유	● 도구나 담요 물품 미보유

다른 한가지는 핵공격을 당한 후 낙진의 위험성이 있는 지역에서 없는 지역으로 소개하는 활동이다. 이 경우 핵공격의 원점, 위력의 정도, 바람의 방향 등이 파악되면 신속하게 안전하다고 판단되는 지역으로 소개하는 것이 합리적이다. 바람방향의 수직으로 이동해야 단기간에 위험지역에서 벗어날 수 있다. 다만, 핵공격이 1회에 그치지 않을 경우 소개는 더욱 불리한 상황으로의 이동일 수 있다. 충분한 정보, 정부의 안내 및 지시 사항, 당시의 교통상황을 종합적으로 고려하여 판단을 내려야 한다.

소개는 정부에서 판단하여 강제로 명령할 수도 있고, 각자가 자발적으로 판단하여 시행할 수도 있다. 전자의 경우에는 단기간에 대규모 이동이 이뤄져야 함으로써 철저한 계획과 통제가 없을 경우 상당한 혼란을 초래할 수 있다. 후자의 경우에는 판단의 신뢰성을 보장하기가 어렵다는 위험성이 있다.

〈소개 시 휴대물품〉

소개는 이동 도중 또는 이동하여 수일 또는 수주일 생활할 수 있는 준비를 갖추어 이동하는 것이다. 목적지에 도착했다고 하여 완벽한 치안과 구호가 보장된다고 볼 수 없고, 추가 핵공격으로 인하여 소개 도중에 대피호를 구축해야할 수도 있다. 따라서 소개 시에는 충분한 연료를 확보해야하고, 소개 후의 생활이나 소개 도중에 발생할 수 있는 불상사에 대비한 물품도 휴대해야 한다. 예를 들면, 소개 도중에 대피호를 구축해야할 상황을 예상하여 필요한 작업도구를 휴대해야하고, 최소한으로 2주 이상(소개 과정에서 소모하는 양도 고려)의 생활을 보장할 수 있는 식수, 음식, 의약품을 준비해야할 것이다. 그리고 이것들을 적절한 용기에 잘 넣어서 잘 보관해야할 것이다. 실제적인 내용은 당시의 상황과 여건에 따라 차이가 있을 것이나 그 예의 하나를 소개하면 다음 표와 같다.

【소개시 준비 물품의 예】

범주	종류	품목
1	생존관련	대피호 구축 및 생존관련 지침서, 지도, 소형 배터리 라디오와 예비 배터리, 방사능 측정 도구, 마스크, 기타 생존관련 인쇄물
2	도구류	삽, 곡괭이, 톱, 도끼, 못, 뺀치, 장갑, 기타 대피호 구축에 필요한 도구
3	대피호 구축 재료	방수물질(플라스틱, 샤워커튼, 천, 기타) 등 대피소 구축에 필요한 모든 재료. 환기통 등
4	식수	소형 물통, 대형 물통, 정수제
5	귀중품	현금, 크레딧 카드, 유가증권, 보석, 기타 중요 문서
6	불	후래쉬, 초, 식용유를 이용한 램프 제작 재료(유리병, 식용유, 헝겊), 성냥과 성냥보관을 위한 상자
7	의류	방한화, 덧신, 덧옷, 우의 및 판초, 활동복 및 활동화
8	침구류	슬리핑백 또는 1인당 모포 2장
9	음식	쌀, 통조림 등 조리없이 취식 가능한 음식, 유아용 음식(분유, 식용유, 설탕), 소금, 비타민, 병따개, 칼, 뚜껑있는 냄비 2개. 개인별로 컵, 밥그릇, 수저 한 벌. 급조난로 또는 만들 재료, 부탄가스와 버너
10	위생물품	배설물 보관 용기, 오줌통, 화장지, 생리대, 기저귀, 비누
11	의약품	아스피린, 응급처치물품, 항생제 및 소염제, 환자가 있을 경우 처방약, potassium iodide, 살균제, 예비 안경, 콘택트 렌즈
12	기타	모기장, 모기퇴치약, 읽을 책

출처: Cresson H. Kearny, *Nuclear War Survival Skills* (Oregon, Cave Junction; Oregon Institute of Science and Medicine, 1987), p. 33를 일부 보완.

7단계 _ 경보 청취 준비

7단계 : 경보 청취 준비

〈요점〉

▲ 핵공격 경계경보, 핵공격 임박경보, 핵공격 경보 등으로 단계를 구분하여 행동할 필요가 있다.

핵대피는 생사를 좌우하는 중요한 결정이기 때문에 단호하되 정확해야 한다. 따라서 핵위협의 정도에 따라서 필요한 최소한의 대비만 갖추는 단계(경계), 모든 준비를 갖추고 대피하는 단계(임박), 핵공격이 발생하는 단계로 구분하고(공격), 국가 및 개인별로 단계에 따라 행동 및 조치해야할 사항을 사전에 정해두었다가 경보의 형태에 따라 시행하는 것이 중요하다. 경계→임박→공격의 단계를 거칠 수도 있지만, 기습 핵공격도 가능하고, 경계→공격, 임박→공격의 가능성도 배제할 수 없다는 점도 인식해야 한다.

▲ 경보나 안내는 불충분하거나 부정확할 가능성이 높다.

한국의 경우 북한과 4km의 비무장지대로만 이격되어 있어 핵무기에 의한 공격을 사전에 순서적으로 차근차근 경보할 수 있는 여건이라고 보기는 어렵다. 핵무기 사용은 워낙 심각한 사안이라서 북한도 점진적으로 위협수준을 올려가겠지만, 기습적인 핵공격 가능성도 배제할 수는 없다. 기습적인 핵공격을 받으면 정부부터 제대로 기능하기 어려워 적절한 경보나 안내가 불가능할 수 있다. 정부의 경보와 안내에 귀를 기울이면서도 국민 각자는 가용한 모든 정보와 상식을 총동원하여 상황을 판단하고, 최선의 방안을 결정해야할 것이다.

▲ 경보기간에 대피소를 완성하라.

핵공격에 대한 경보가 주어지면 대피소를 보강하거나 대피소로 이동하여야 한다. 언제 대피소로 이동할 것이냐도 결정이 쉽지 않은 문제이다. 기본적으로는 핵공격 임박경보에 대피소로 이동해야할 것이나, 성급하게 이동하면 준비가 불충분할 수 있고, 늦으면 폭발의 피해를 당할 수 있다. 어쨌든 경계경보가 발령되면 대피소의 충족성을 높일 수 있는 모든 조치들을 강구해야 한다. 대피소의 구조를 보강하고, 필요한 물품을 확보하며, 대피소가 없을 경우에는 주변을 굴토하여 임시대피소를 마련할 수도 있다. 임시대피소의 경우 어렵게 생각하기 쉽지만, 식구들이 분담하여 땅을 파서 준비할 경우 그다지 많은 노력과 시간을 소요하지 않을 수 있다.

▲ 방송 청취로 사기를 유지해야 한다.

대피소에서는 인내심있게 견디는 것이 최선이다. 이 경우 경보나 안내를 계속 청취함으로써 상황을 파악하고, 불안과 공포를 제거하며, 외부세계와 연결되어 있다는 점을 확인함으로써 좌절감을 최소화할 수 있다. 구성원들이 경보 및 안내 사항을 적시적으로 공유해야함은 물론이다. 시간을 보내는 데도 상당한 도움이 될 것이다. 정부의 경보나 안내가 불충분, 부정확, 불일치하더라도 불평하기보다는 그럴 수밖에 없는 상황임을 이해할 수 있어야 한다. 방송을 통하여 긍정적인 자세를 갖도록 하는 것이 방송 내용 자체보다 더욱 중요할 수 있다.

▲ 배터리 라디오가 중요하다.

핵공격이 가해지면 폭풍 및 전자기파의 공격을 받아서 전기나 끊어지거나 장비가 파손되어 해당지역의 방송국은 제대로 기능하기 어렵다. 휴대폰의 기지국도 파괴되었을 가능성이 높다. 따라서 배터리를 사용하는 휴대용 라디오를 통하여 먼 다른 지역에서 방송되는 내용을 청취하여 상황을 파악해야 한다. 차량이 있을 경우 차량의 라디오를 유용하게 사용할 수 있을 것이다.

〈경보와 안내의 개념〉

경보(warning)는 정부가 핵무기에 의한 공격이 예상된다거나 임박한 사실을 알려주는 것이고, 안내(communication)는 정부가 핵공격이 발생한 사실이나 국민들이 행동해야할 방향을 알려주는 활동이다. 정부는 핵공격이 우려될 때, 임박하였을 때, 공격이 시행되었을 때로 나눠서 단계별 경보를 실시해야 하고, 경보단계별로 정부 및 국민들의 조치사항을 사전에 정립해둘 필요가 있다.

【경보의 단계】

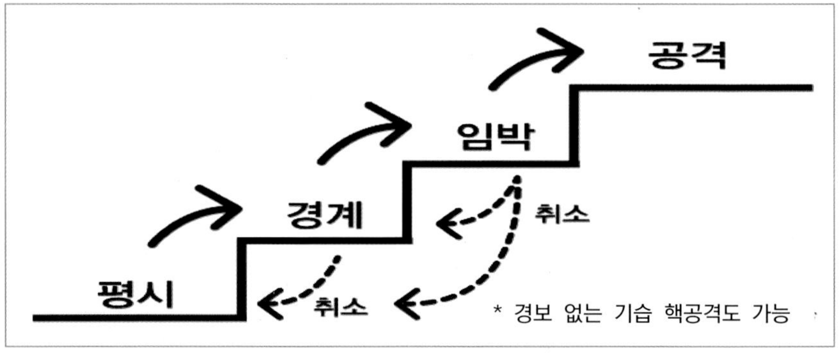

경보는 핵공격과 관련하여 정부가 수행해야할 가장 중요한 과업이지만, 그 준비와 실행이 간단한 것은 아니다. 핵공격의 여부와 시점을 사전에 파악하는 것이 쉽지 않을 뿐만 아니라 한국의 경우 북한과 거리가 짧아서 경보의 시간이 거

의 없을 가능성이 크기 때문이다. 사전 경보가 없는 상태에서 국민들이 핵공격 시 발생하는 빛이나 소리, 갑작스러운 정전 등의 징후로 핵공격 여부와 정도를 파악해야할 가능성도 배제할 수 없다. 아무리 짧더라도 경보를 받아서 사전에 부분적으로나마 노력하는 것과 기습적으로 핵공격을 당하는 것의 차이는 크다. 수분 또는 수초 동안만 주어져도 지하실로 대피할 수 있고, 땅에 엎드리기만 해도 피해를 감소시킬 수 있기 때문이다.

핵공격이 발생하고 나면 정부는 국민들이 어떻게 행동해야 할 것인지를 방송을 통하여 계속적으로 안내해주고, 지도해줘야 한다. 최소한 현재까지 발생한 상황을 설명하면서, 국민들에게 어떻게 행동해야할 바를 알려줘야 한다. 간단한 내용이라도 핵공격을 받은 혼란의 상황에서 정확한 내용으로 안내하는 것이 쉽지 않기 때문에 정부나 지방자치단체는 필요한 안내 방송의 내용을 상황별로 사전에 준비해두었다가 실제 전개되는 상황에 부합되도록 일부만 수정하여 활용하는 체제를 구비해야 할 것이다. 민방위훈련을 할 때 이러한 사항을 훈련해두는 것도 효과적인 방법이다. 또한 핵공격으로 인하여 원거리 방송만 청취가능할 경우 청취자가 제한될 수 있고, 라디오를 준비하지 못한 사람도 있을 수 있다. 따라서 정부는 사전에 핵폭발 시 행동요령을 만들어 국민들에게 인쇄물 형태로 배포해둘 필요가 있고, 국민들은 미리부터 이를 충분히 숙지할 필요가 있다. 국민들은 정부에서 안내하는 대로 충실히 따름으로써 피해를 최소화할 수 있어야할 것이다.

〈경보의 종류〉

경보에 있어서는 상대가 핵무기를 발사할 준비를 하고 있어 필요한 예방조치를 강구해야 한다는 사실을 사전에 알리는 활동이 중요한데, 이것을 민방위경보와 일관성을 유지하는 차원에서 "핵공격 경계경보"라고 명명할 수 있고, 수일 전에 내려지는 것이 통상적이다. 이렇게 되면 사람들은 대피소의 위치를 확인하거나 이동하고, 대피소를 구축 및 보완하며, 그 외에 2주 정도 대피소에서 생활하는 데 필요한 준비를 갖추게 된다.

상대의 핵공격이 더욱 확실해진 상태에서 내려지는 경보는 "핵공격 임박경보"라고 구분할 수 있고, 이것은 몇 시간에서 수일 간 지속될 수 있다. 이 경보가 내려지면 모든 국민들은 준비된 대피소로 이동하거나 더욱 안전한 지역으로 소개하게 된다. 거리에 있을 경우에는 대피소나 집으로 최단시간 내에 이동해야할 것이고, 직장에 있을 경우에는 빌딩의 지하실이나 깊숙한 곳으로 대피해야 할 것이다. 집에서는 개스, 전기, 기름을 끄거나 잠그고, 창문과 커튼을 닫는 등 폭발로부터의 피해가 최소화될 수 있는 조치를 강구한 후 대피소로 이동해야 한다. 모든 국민들은 대피소에서 생활할 수 있도록 준비를 보강하고, 정부의 지시에 철저히 따름으로써 혼란을 최소화할 수 있어야 할 것이다.

상대방이 핵미사일을 발사했다는 사실을 알리는 활동은 바로 "핵공격 경보"이다. 한국의 경우에는 북한과 인접하여 핵공격 경보 후에 대피할 시간이 수분 또는 수초만 주어질 가능성이 높다. 그럼에도 불구하고 정확한 핵공격 경보를 하달해야 국민들이 상황을 파악하여 적절하게 대처할 수 있다. 핵공격 경보가 수초 또는 수분만 가용하더라도 건물 내부로 들어가든지, 지상에 엎드린다든지, 천 등으로 귀를 막는다든지, 입에 손수건이나 천을 넣어서 문다든지 하는 조치를 강구할 수 있고, 이로써 생존확률을 높일 수 있다.

실제의 상황에서는 핵공격 경계경보나 핵공격 임박경보의 신뢰성을 유지하는 것이 중요하다. 적의 핵공격 여부에 대한 판단부터 정확하지 않을 수 있고, 적이 핵공격 위협과 철회를 반복하여 경보가 지나치게 미리 하달될 수도 있으며, 어떤 경우에는 호지부지될 수도 있기 때문이다. 이러한 상황이 반복될 경우 정부의 경보에 대한 신뢰성이 떨어질 것이고, 그렇게 되면 대비를 소홀히한 상태에서 실제 핵공격을 당할 수 있다. 정부는 경보에 대한 신뢰성을 유지할 수 있도록 정확한 정보수집과 분석에 더욱 노력하고, 무조건 과도한 경보를 발령하지 않고자 노력해야 한다. 핵공격 경계경보, 핵공격 임박경보, 핵공격 경보를 확실하게 구분한 상태에서 상황을 정확하게 파악하여 경보단계를 적시적으로 조정할 수 있어야 한다. 국민들은 경계경보와 핵공격 임박경보에 의하여 대피와 복귀를 반복하더라도 그럴 수밖에 없는 현실임을 인정하고, 불편을 감내할 수 있어야 한다.

〈경보의 수단과 내용〉

정부는 정확한 경보를 신속하게 국민들에게 전달할 수 있도록 최선의 준비를 갖추어 두어야 한다. 텔레비전, 라디오, 사이렌, 공공기관의 확성기, 휴대폰 등 국민들에게 필요한 사항을 즉각적으로 전달할 수 있는 모든 수단을 동원해야할 것이다. 사이렌의 경우에는 핵공격 경계, 임박, 발생 등의 상황으로 신호의 종류와 형태를 설정하고, 수시로 훈련을 하여 익숙하게 만들 수도 있다. 정부는 최악의 상황에서도 필요한 내용들이 국민들에게 신속하게 전달될 수 있는 경보전파 체계를 구축해 두어야 한다. 미국에서 준비해두고 있는 핵폭발 직후 방송 메시지를 소개하면 〈표 2〉와 같다.

【핵폭발 직후 방송할 메시지의 예】

- 핵폭발이 OO도시의 OO에서 발생하였습니다.
- 시내에 있는 분은 안전성이 높은 빌딩 안으로 즉시 이동하십시오.
- 신속하게 다음 조치를 따름으로써 생존의 가능성을 높이도록 하십시오.

- 안쪽으로 깊숙이 들어가십시오.
  - 블록이나 콘크리트로 지은 가장 가까운 건물을 찾아서 안쪽으로 들어가 바깥의 방사능을 피하도록 하십시오.
  - 더욱 좋은 대피소인 고층빌딩이나 지하실을 수분 내에 도달할 수 있을 경우 즉시 그곳으로 가십시오.
  - 지하로 가든가 고층건물의 중간층(예를 들면, 10층 건물의 5층이나 20층 이상 건물의 10층)으로 가십시오.
  - 여러분들은 본능적으로 위험한 지역으로 소개(疏開)하고 싶을 것이나 다음과 같이 조치하는 것이 방사능 노출을 줄일 수 있습니다. 바깥의 방사능 물질과 당신 사이에 빌딩벽, 블록, 콘크리트가 있도록 하세요. 방사능 물질이 떨어지는 외벽, 지붕, 지상으로부터 가급적 멀리 떨어지세요.
- 안쪽에 머무르세요.
  - 당국이나 비상조치요원이 지시하기 전까지는 바깥으로 나오지 마십시오.
  - 학교나 유아원은 폐쇄해야 합니다. 내부에 있는 학생들도 위 지시대로 보호조치를 강구해야 합니다. 비상조치요원의 지시가 있을 때까지는 어떤 이유로도 바깥으로 나오면 안됩니다.
- 텔레비전이나 라디오를 켜서 중요한 상황변화를 들으십시오.
  - 국영방송에 채널을 맞추어 정보를 확보하십시오.
  - 지시가 바뀔 수 있으므로 방송을 계속 틀어놓으십시오. 핵폭발 후 방사능은 매우 위험하지만 그 수준은 수시간 또는 수일내에 급격히 떨어집니다. 방사능이 가장 위험할 때 내부에 있는 것이 방사능 물질과 이격되어 가장 안전합니다.
  - 소개하는 것이 최선일 때는 그렇게 지시할 겁니다.
  - 방사능 물질이 이동하는 경로에 있는 사람들(폭발의 바람방향)도 보호조치를 강구하도록 지시될 수 있습니다.

출처: Nuclear Detonation Response Communication Working Group, *Nuclear Detonation Preparedness: Communicating in the Immediate Aftermath* (September 2010), p. 3.

국민들은 휴대용 라디오 등 비상 상황에서라도 경보를 받을 수 있는 장비를 사전에 준비해두고, 이것이 핵공격으로 무력화되지 않도록 보호하여야 한다. 안테나를 길게 하지 않는다든가 전류가 흐를 수 있는 관에서 이격시키거나 쇠통에 넣어 보관함으로써 EMP의 피해를 받지 않도록 하는 것도 하나의 방법이다. 핵폭발 후에는 더욱 라디오의 안전한 보관에 유의하여 습기가 차지 않도록 하고, 필요시에만 틀든가 음량을 최소화함으로써 배터리도 아껴야 할 것이다.

8단계_대피소 준비

8단계 : 대피소 준비

〈요점〉

▲ 안전을 원하거든 위기에 대비하라.

로마시대로부터 "평화를 원하거든 전쟁을 대비하라"라는 말이 중요한 금언으로 계승되어오고 있다. 핵무기가 폭발하더라도 안전해지고자 한다면 평소에 대비해야 한다. 대비한 만큼 안전해질 것이다. 작은 대비가 생사를 좌우할 수 있다. 처음에는 아득하지만, 생각해보면 2주 동안 땅 밑에서 캠핑하는 준비를 하면 된다. 차근차근히 대비해 나가면 많은 노력과 비용도 소요되지 않는다.

▲ 핵심은 대피소의 준비이다.

핵폭발로부터 생존하는 데는 폭발에 따른 폭풍으로부터 안전을 보장하거나 방사선이 없어질 때까지 방사선을 차단하면서 외부출입없이 생활할 수 있는 대피소를 구축하는 것이 핵심이다. 핵폭발 원점 이외에는 낙진대피소만 갖추면 된다. 국가에서는 공공대피소를 구축하지만, 개인의 경우에는 가족대피소를 집 또는 근처에 구축해두고, 필요한 물품을 저장해두면 된다. 아파트별로 공동대피소를 준비할 수도 있다. 어느 경우든 평소부터 다른 목적으로 활용하면 좋다.

▲ 상식과 훈련이 기초이다.

핵폭발 시 생존의 보장도를 높이려면 핵무기의 위력, 핵폭발 시의 효과, 효과의 지속 정도, 방사선의 차단 방법, 생존기술 등 핵대피에 관한 상당한 지식을 갖춰야 한다. 아는 만큼 안전해질 것이다. 아는 데 그치지 말고, 훈련을 통하여 체험해보는 기회를 갖는다면 더욱 안전해질 것이다. 평소의 땀 한 방울은 유사시 피 한 방울이다. 레크레이션 성격의 이벤트로 가족들이 즐겁게 훈련할 수도 있다.

▲ 대피를 고려하여 건물을 지을 필요도 있다.

한국과 같이 안보상황이 불안한 경우에는 최악의 상황까지 고려하여 건물을 신축할 필요가 있다. 지하실을 필수적으로 포함시키고, 대피소로 활용할 수도 있다는 가정 하에 벽의 두께, 출입문과 차단장치, 통로, 수도나 취침공간 등을 점검 또는 포함시킬 필요가 있다. 건물 전체적으로 창문의 크기를 줄이면서 유리의 사용을 최소화해야할 것이다. 상황이 악화되면 바로 대피소로 전환할 수 있도록 국가에서 의무규정을 만들 필요도 있다.

〈대피소의 기본요건〉

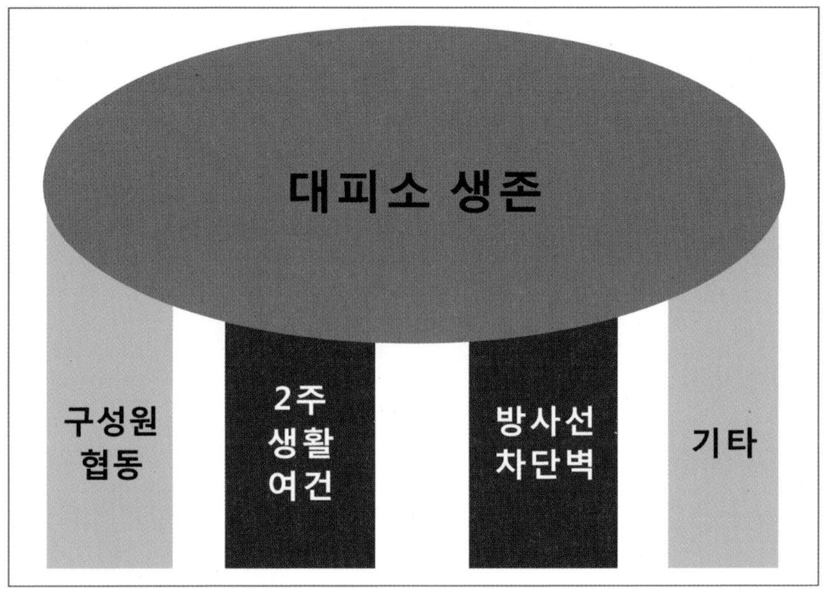

대피소의 첫 번째 요건은 방사선을 차단할 수 있는 물질로 사방을 에워싸는 것이다. 밀도가 높은 물질일수록 안전하다. 지하실의 경우에는 지붕과 문의 강도를 보장하는 것이 우선적이다. 방사선 차단을 위해서는 콘크리트는 30cm, 벽돌벽은 40cm, 흙은 60cm 이상이 되어야 한다. 미흡한 부분이 있을 경우 흙마대 등을 활용하여 보강하여야할 것이다.

대피소의 두 번째 요건은 수용인원들이 2주 동안 건강하게 생활할 수 있는 제반 여건을 보장하는 것이다. 환기, 식수, 음식, 용변, 수면, 위생의 기본적인 사항에 문제가 없어야 하고, 생활의 불편요소를 사전에 추측하여 최소화할 수 있어야 한다.

대피소의 세 번째 요건은 인적인 요소로서 질서를 유지하는 것이다. 이를 위하여 공동생활의 규칙을 확립해 두어야 하고, 대표자를 지정하여야 한다. 갈등 발생 시 해소할 수 있는 의사결정기구를 구성해야할 필요도 있다.

그 외에도 핵대피소는 당시 상황에 맞도록 필요한 사항을 사전에 구비하고 있어야 한다.

〈아파트 대피소〉

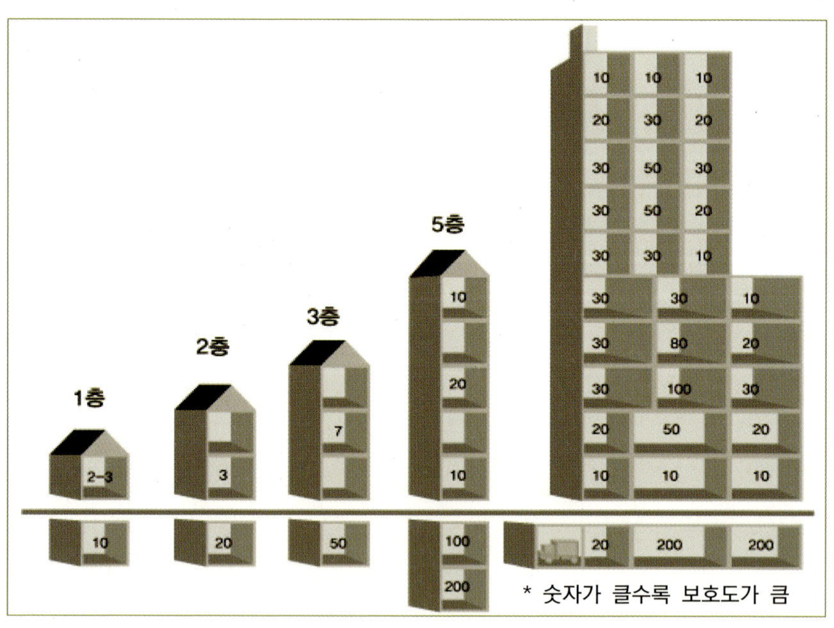

아파트의 경우 지하주차장을 대피소로 쉽게 전환할 수 있다. 출입문과 창문만 보강할 경우 낙진 대피소로 활용할 수 있고, 지하로 깊게 들어갈 경우 출입문만 보강하면 핵폭발로부

터의 생존도 가능하다. 각자가 사는 아파트 지하이기 때문에 이동이 용이하고, 평소에 주차장으로 사용하여 관리도 잘 된 상태이다. 특히 다수의 자동차가 항상 주차된 상태라서 언제 대피하더라도 자동차의 배터리, 라디오 등을 사용할 수 있고, 자동차 안에서 취침할 수도 있으며, 자동차 시트 등을 떼어서 침대로 사용할 수도 있다.

다만, 2주 동안 생활하기 위한 환기, 식수, 음식, 용변, 수면, 위생에 관해서는 사전에 준비해둘 필요가 있다. 공기여과기나 환기통은 차량배터리로 가동시킬 수 있는 것으로 사전에 설치하고, 용변 장소도 미리 만들어 두며, 식수, 음식, 수면은 대피 시 각 세대가 준비하도록 할 수 있다. 지하수를 펌핑할 수 있는 시설을 사전에 준비해두면 식수 확보가 용이할 것이다.

동 대표를 중심으로 단결해야 하고, 세대별로 생활공간을 공정하게 할당하며, 합리적인 생활규칙을 정립하고, 분담된 사항을 착오없이 이행하며, 유사시 훈련을 실시하는 등의 대비가 필요하다.

〈가족 대피소〉

아파트 이외의 가족 대피소로는 주택의 지하실이 효과적이다. 이 역시 아파트 지하주차장처럼 출입문과 창문을 보강할 필요가 있다. 지상에 노출된 벽은 흙마대로 두께를 보완해야할 부분이 있을 것이고, 지붕(1층 바닥)의 두께도 점검하여 미흡하면 보강해야할 것이다. 이때 지하실 천정에 지지대를 세워서 무게를 지탱하도록 해야할 수도 있다.

지하실 내부에 필요한 인원이 2주 정도 생활할 수 있도록 환기, 식수, 음식, 용변, 수면, 위생을 위한 제반 시설이나 물품을 미리 설치해두는 것이 최선이다. 평소에 음악 감상실, 게임방, 헬스실, 창고 등으로 활용하면서 식수와 음식을 일부 저장해두면 편리하다. 식수를 위하여 펌프시설을 사전에 설치해둘 수도 있다.

지하실이 없는 주택의 경우에는 마당에 굴토하여 대피소를 만들 수도 있다. 이 경우 처마밑을 사용함으로써 비도 피하면서 작업도 최소화할 수 있다. 처마 밑을 기초 슬라브 깊이까지 어느 정도 길이로 판 다음 옆으로 파고 들어가서 대피소 공간을 만들면 된다. 집의 기초를 지붕으로 삼아 임시 지하실을 만드는 개념이라고 할 수 있다. 그런 다음에 몇 차례 꺾어서 들어가도록 입구를 만들고, 대피소의 지붕에 해당되는 집의 1층에 충분한 물질을 쌓아서 방사선 차단 효과를 강화하면 된다.

지하실이나 굴토 대피소가 가용하지 않을 경우에는 집에서 가장 안쪽에 있는 방을 선택하여 취약한 벽이나 창문을 흙이 채워진 마대나 기타 가용한 물질로 쌓아서 보강한 후 사용할 수 있다. 이 경우에도 테이블이나 책상을 놓고, 그 위와 옆을 쇠판, 돌, 흙채운 상자 등으로 쌓아서 작은 대피소로 만든 다음, 그 밑에 대피하면 방사선 노출을 더욱 줄일 수 있다. 그 속에서 초기의 얼마 동안이라도 대피하면 훨씬 덜 위험해질 것이다.

【집안 대피소】

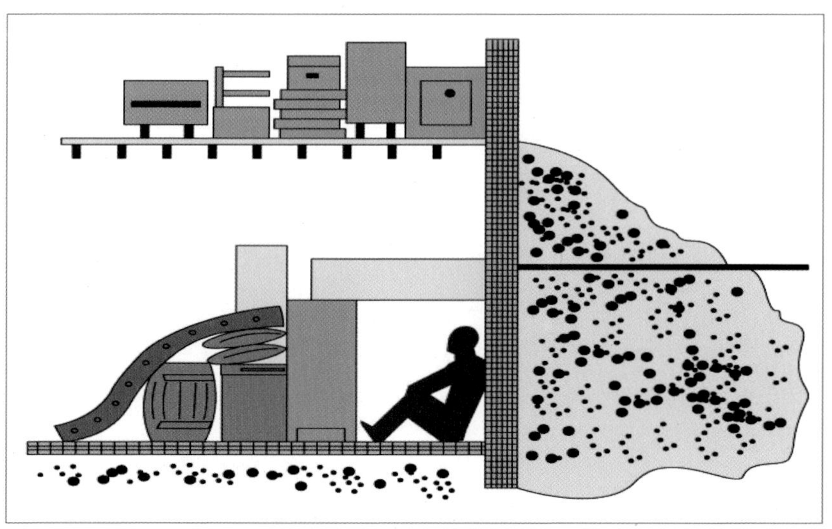

〈임시 대피소〉

임시대피소는 시간이 없을 때 황급하게 만드는 대피소로서 가용한 모든 공간을 활용하여 구축할 수 있지만, 가장 일반적인 형태는 야지를 굴토(屈土)하여 대피소를 구축하는 것이다. 굴토대피소는 어디서든 상대적으로 적은 노력으로 구축할 수 있고, 입구만 잘 설치할 경우 핵폭발도 견딜 수 있다. 가족 전체를 수용할 수 있을 정도의 넓이와 깊이로 굴토를 하고, 굴토된 흙으로 벽을 만들며, 긴 나무를 양쪽 벽 사이에 배열하여 흙으로 지붕을 덮으면 된다. 시간이 제한될 경우 굴토한 폭의 공간 위를 자동차로 덮은 다음에 그 안과 위에 흙을 채워 지붕을 만들 수도 있다. 지하로 깊게 들어갈수록 안전하지만 시간이 걸리거나 배수에 문제가 발생할 수 있고, 지상으로 쌓아서 만들 경우에는 배수에는 강하나 폭풍 등에 약할 수 있다. 굴토 대피소의 경우에도 환기를 보장하고, 배수를 고려하여 지붕을 경사지게 하거나 비밀로 덮어야 한다.

【차량을 지붕삼은 임시대피소】

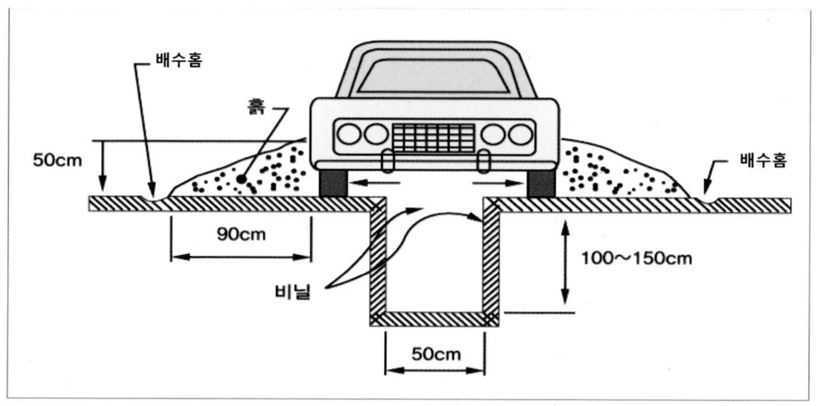

굴토대피호는 이상적인 장소를 골라서 굴토할 수 있고, 사람의 수에 맞추어 구축할 수 있다는 융통성이 있으며, 임무를 잘 분담할 경우 단기간에 완성할 수 있다는 장점이 있다. 다만, 시간, 사람, 도구가 충분하지 않을 수 있고, 비가 많이 내리거나 얼었을 경우에는 굴토가 어려울 수 있다. 흙으로 만든 대피소이기 때문에 2주간 생활하는 측면에서 예상하지 않은 불편함이 다수 발생할 수 있다.

산악이 많은 한국의 경우 평평한 지역에 굴토하여 대피소를 구축하는 것보다는 경사지에 옆으로 굴토하는 것이 효과적이다. 핵폭발 지점으로부터 산이나 능선으로 차단된 경사면을 옆으로 파고 들어가 공간을 만들면 된다. 이것은 수평으로 들어가기 때문에 작업양이 적을 수 있고, 배수와 출입이 간편하다는 장점이 있다. 생활하면서 조금씩 굴을 넓힐 수 있다는 장점도 있다.

〈대피소의 생활준비〉

좁은 지하의 공간에서 다수의 인원이 2주 이상의 시간을 견딘다는 것은 쉬운 일이 아니다. 따라서 그것이 어떤 생활일까를 사전에 생각하면서 마음의 준비를 갖춰둘 필요가 있다. 평소에 야지의 춥거나 거친 환경 속에서 잠자는 방법, 부족한 상태에서 물이나 식사를 해결하는 방법, 다수가 협동하여 역경을 이겨나가는 방법 등을 익히는 기회를 가질 필요가 있다. 다수가 좁은 곳에서 생활함에 따른 스트레스를 경험하고, 이를 최소화하기 위한 규칙과 리더의 중요성도 이해할 필요가 있다.

【대피소 생활준비】

안보상황이 불안해질 경우 집안에 비축해두는 물자의 양을 늘려야 할 것이다. 쌀, 부식, 물, 건조식품, 통조림을 확보해

두고, 대피소에 저장해둔 상태에서 부분적으로 꺼내어 취식할 수도 있다. 침낭이나 모포, 의복, 약품 등을 비롯하여 유사시 사용할 다양한 생활필수품을 준비해둘 필요가 있다. 대피소에서 생활해봄으로써 불편함을 발견하여 미리 시정할 수 있어야 할 것이다.

9단계 _ 총정리

9단계 : 총정리

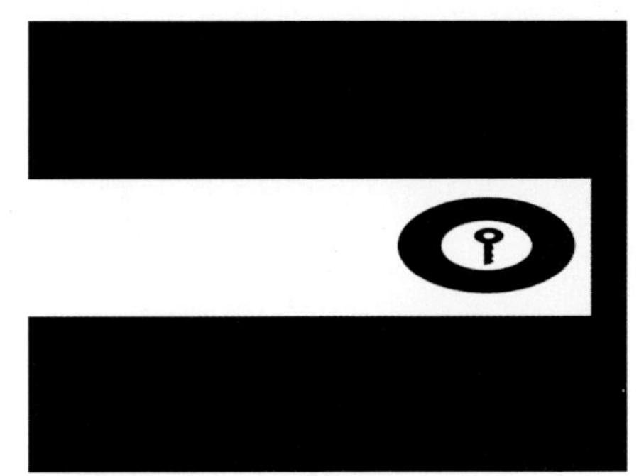

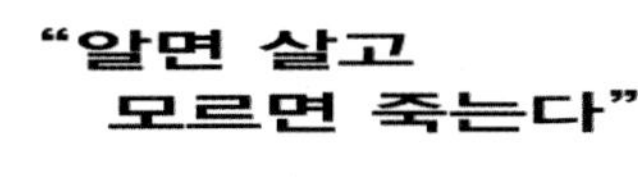

○ 북한의 핵위협은 심각한 수준이고, 북한 수뇌부가 매사를 합리적으로 판단한다고도 볼 수 없다. 최악의 사태에 대비하지 않을 수 없는 상황이다.

○ 핵무기가 폭발하면 폭풍효과가 가장 크고, 열과 섬광에 의한 피해도 적지 않으며, 대규모 방사선이 사방으로 퍼져서 인체를 심각하게 손상시킨다. 핵폭발의 방사능을 함유한 채 공중으로 빨려 올라간 먼지를 낙진이라고 하는데, 이것은 근처에 떨어지거나 바람 따라 이동하면서 방사선을 발산한다 이것에 노출될 경우 심각한 피해가 야기되기 때문에 대피가 필요하다.

○ 북한이 보유하고 있는 수준의 핵무기가 폭발할 경우 어느 도시 전체가 초토화되지는 않는다. 10~20kt 핵무기의 경우 반경 1~2km 바깥에 있는 건물은 붕괴되지 않는다. 사망자는 수십만에서부터 백만명 정도에 이를 수 있지만, 생존자가 더욱 많은 것도 사실이다.

○ 낙진에 의한 피해는 대피하면 대부분 예방할 수 있다. 노력한 만큼 생존율은 높아진다. 나와 가족의 생존을 최우선시할 필요가 있다. 그래야 국가의 재건이 가능하기 때문이다.

○ 낙진대피를 위해서는 방사선을 차단하도록 구축된 대피소로 이동하든가, 낙진이 오지 않을 지역으로 소개하든가를 선택해야 한다. 대피는 우선은 안전하나 장기간 견디는 것이 쉽지 않고, 소개는 추가적인 핵공격이 있을 경우에는 아무런 대비없이 노출될 수 있는 위험이 있다.

○ 핵폭발 시 생존에서 가장 중요하게 확보해야할 것은 어떤 상황에서도 청취가 가능한 배터리 라디오다. 이를 통하여 정부의 경보와 안내를 즉각적으로 청취하고, 통제에 따라 행동해야 한다. 라디오만이 세상과의 연결고리일 수 있다.

○ 낙진대피소의 경우 우선 30cm 이상의 콘크리트, 40cm 이상의 벽돌, 60cm의 흙으로 차단된 지하공간을 마련

해야 한다. 다음에는 그 속에서 2주간 견딜 수 있도록 환기, 식수, 음식, 용변, 수면, 위생을 준비해야 한다. 대표자를 선정하고, 공동생활 규칙을 정해두는 것도 중요하다. 준비가 치밀할수록 안전해진다.

○ 가족단위 대피소를 준비할 필요가 있다. 아파트 지하주차장, 단독주택 지하실이 유리하다. 땅을 굴토하여 만들 수도 있다. 대피소의 자동차는 라디오, 불, 침대, 전기를 제공해줄 수 있고, 이동 시 필수적이라 잘 관리할 필요가 있다.

○ 핵공격 전의 소개에는 신중하더라도 핵폭발이 발생하여 낙진의 영향에 들어가는 것이 확실할 경우에는 바람의 수직 방향으로 그 자리를 신속히 벗어나야 한다. 다만, 연속적인 핵공격 상황을 대비하여 필요한 물품은 충분히 챙겨서 대피해야 한다.

○ 대피소를 구축하고, 필요한 물품을 구비함은 물론 그곳에서의 생활을 연습할 필요도 있다. 다양한 레크리에이션 프로그램으로 전환하여 야지생활, 물과 음식이 부족한 환경에서의 생활, 좁은 공간에서의 공동생활을 익힐 필요가 있다. 실제적인 핵대피 훈련을 실시해볼 수도 있다.

○ 구성원들의 단결이 중요하다. 리더가 명확하게 지정 또는 식별되어야하고, 공동생활을 위한 규칙과 의견상충 시

의 결정방법 등을 사전에 마련해 둬야할 것이다. 각자는 리더와 규칙을 적극적으로 따르고자 노력해야 한다.

○ 생존을 위한 노력과 의지만으로 지하실에서 2주간 견디기는 쉽지 않다. 서로를 격려하고 배려함으로써 스트레스가 발생하지 않도록 해야 한다.

【대피요령 종합】

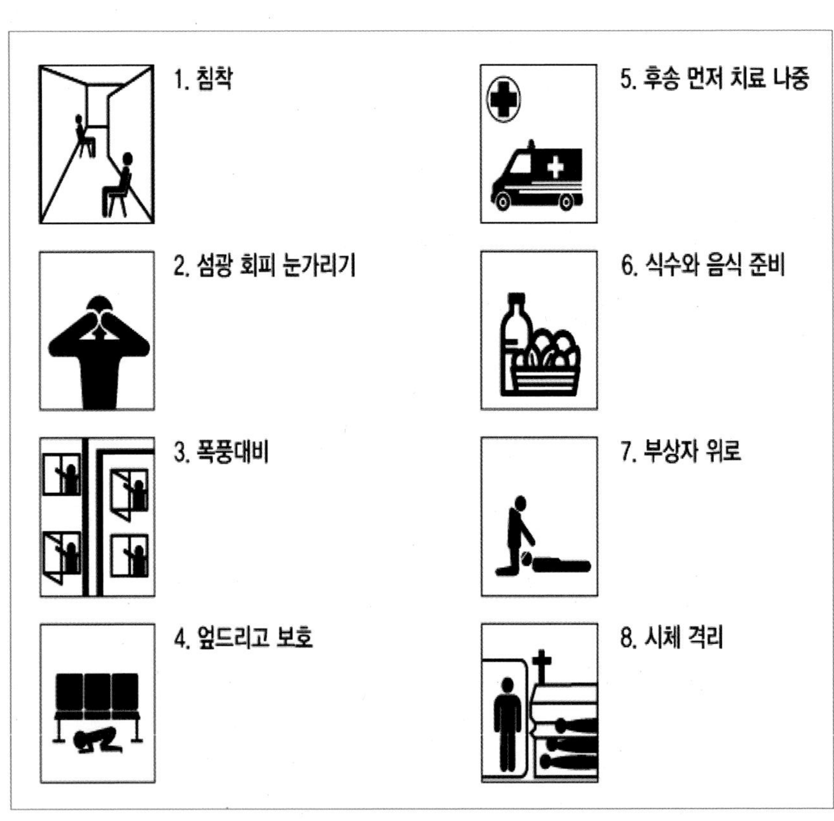

☆ 후 기 ☆

○ 1592년 임진왜란 직전 일본의 정세를 탐지하러간 사신들이 돌아와서 정사(正使)는 일본이 침략할 가능성이 높다고 말했고, 부사(副使)는 반대로 말하였다. 그 때 임금, 조정대신, 사대부, 백성 들은 정사의 말이 맞고, 부사의 말이 틀렸다는 것을 정말 몰랐을까? 당장 힘들지 않은 것을 믿고 싶었을 뿐이다. 율곡선생과 같이 대비해야한다는 사람이 없었던 것은 아니지만 무시되고 말았다.

○ 임진왜란으로부터 40여년이 지난 1627년에 정묘호란이 발생하고, 이로부터 9년이 흐른 1636년에 또다시 병자호란이 발생하였다. 그때도 조선은 여전히 대비되지 않았고, 또다시 적군의 말발굽에 국토와 국민들은 유린되었다. 그 때도 대비해야한다는 사람은 있었을 것이다. 다만, 힘들게 대비하는 방안을 모두들 무시하고 싶었을 뿐이다.

○ 결국 1910년의 한일 합방으로 일본의 식민지가 되면서 나라를 잃고 말았다. 온갖 설움을 겪고 겨우 독립되었으나 1950년 동족상잔의 6.25전쟁을 또 겪게 되었다. 그 때도 북한은 쳐들어올 수 없고, 쳐들어오기만 하면 바로 반격하여 평양에서 점심, 신의주에서 저녁을 먹는

다고 호언하였다. 여전히 대비해야 한다는 사람들의 의견은 무시되었고, 결국 국토와 국민은 유린되었다.

○ 현재가 위험하다는 말은 국민들을 힘들게 하여 인기를 얻기 힘들다. 그러나 세상에 힘들지 않고 얻을 수 있는 일은 없다. 국민 모두가 "피와 땀과 눈물"을 각오하지 않을 경우 국가의 번영과 영속을 보존하기는 어렵다.

○ 현 세대가 노력한다면 다음 세대는 안전해질 것이다. 반대로 현 세대가 안일하면 반드시 다음 세대는 위험해진다. 지금 우리는 후손들에게 폭탄을 돌리고 있는 것 아닌가?

○ 우리 모두 생각하기 싫은 것을 애써 생각하고, 하기 싫은 일을 애써 노력해보자. 지금까지의 역사가 대부분 잘못되었다면 일부러라도 지금까지와 반대로 해보자. 우리가 환골탈태하여 달라지지 않을 경우 역사는 반복될 가능성이 높고, 민족의 유일한 터전인 한반도를 핵폭발로 잃어버릴 수 있다.

10단계 _ 부족 읽기

1. 북한의 핵위협 평가
2. 핵무기 폭발 시의 위력과 피해
3. 한국의 핵 대응수준 평가
4. 다른 국가의 민방위 활동
5. 총력적 전쟁대비

10단계 : 부록 읽기

1. 북한의 핵위협 평가

〈북한의 핵능력〉

북한은 1970년대 중반 영변지역에 독자적인 핵시설을 건설하면서 핵무기 개발을 본격적으로 추진한 이래 국제원자력기구(IAEA: International Atomic Energy Agency)의 사찰이나 미국을 비롯한 주변국들의 지속적인 압력에도 불구하고 결국 핵무기 개발에 성공하였다. 북한은 2006년 10월 9일 1차 핵실험을 실시하였고, 2009년 5월 25일 2차 핵실험을 실시하였으며, 2013년 2월 12일 3차 핵실험을 실시하였다. 2006년의 제1차 핵실험 규모는 무시할 정도였지만, 2009년 제2차 핵실험은 4kt, 제3차 핵실험은 6~7kt의 위력으로서 무기급의 핵폭발에 성공하였다. 북한은 제3차 핵실험 후 대규모 군중집회를 실시하여 성공을 자축하였고, 핵무기 사용에 관한 법률까지 제정하였다.

북한이 개발한 핵무기 수는 북한이 그동안 추출한 플루토늄 양을 바탕으로 추정한다. 다양한 추정치가 존재하지만 국방부에서는 북한이 "수차례의 폐연료봉 재처리 과정을 통해 핵무기를 만들 수 있는 플루토늄을 40여 kg 보유하고 있는 것으로 추정"하고 있다. 이러할 경우 북한이 세 번의 실험에 사용한 플루토늄 양을 제외하면 대체적으로 북한은 10기를 넘지 않는 정도의 핵무기를 제조할 수 있다는 계산이 나온다. 다만, 북한이 영변의 5MWe 원자로를 재가동하고 있을 가능성도 있고, 100MWth급(25~30MWe)의 경수로를 추가로 건설하고 있어서 플루토늄 핵무기의 숫자도 증대시킬 수 있다.

북한은 농축우라늄(HEU: Highly Enriched Uranium)을 통한 핵무기 개발능력도 보유하고 있을 가능성이 높다. 2010년 11월 북한은 미국의 핵과학자들에게 우라늄 농축 공장을 공개한 적이 있고, 그 공장의 규모를 2배 넘게 확장한 상태이며, 다른 시설이 존재할 가능성도 높다. 국방부에서도 북한이 우라늄 농축을 통한 핵무기 개발을 진행하고 있다고 인정한 상태이다. 2015년 1월 미국의 핵과학자인 헤커(Siegfred S. Hecker)도 북한이 6개의 플루토늄 핵무기와 6개의 우라늄 핵무기를 보유하고 있다고 주장한 바 있고, 물리학자인 올브라이트(David Albright)도 북한이 보유한 핵무기 규모를 10~16개로 전제하면서 2020년까지 최대 100개까지 증대시킬 것으로 전망하였다. 중국의 전문가도 미국 핵전문가와의 토론에서 북한의 핵무기 개발 능력을 심각하게 평가하여 플루토늄과 우라늄 핵무기를 총 20기 정도 보유하고 있고, 금방 40기까지 증대시킬 수 있다고 주장한 바 있다.

더욱 주목해야할 사항은 북한이 제3차 핵실험 직후 "소형화 · 경량화된 원자탄을 사용했다"라고 주장했다는 사실이다. 제1차 핵실험 이후 경과된 시간 등을 고려할 때 발표내용에 신빙성이 적지 않고, 그렇게 될 경우 북한은 핵무기를 탄도미사일에 탑재한 "핵미사일"로 한국을 공격할 수 있으며, 미사일 방어능력이 미흡한 한국은 매우 불리한 상황에 빠지게 된다. 미국에서도 북한이 탄도미사일에 탑재할 수 있을 정도로 핵무기를 소형화했을 것이라는 가능성을 높게 평가하고 있다. 북한은 다수의 다양한 미사일을 보유하고 있고, 수백대의 이동식 발사대(TEL: Transporter Erector Launcher)도 보유하고 있어 북한이 핵미사일의 소형화에 성공하면 한국은 북한의 핵미사일 공격에 무방비 상태로 노출되게 된다.

탄도미사일 능력을 살펴볼 경우 북한은 1980년대 초 이집트로부터 확보한 소련제 스커드-B를 역설계하여 1984년에는 사정거리 300km의 스커드-B와 500km의 스커드-C를 생산하여 배치하였다. 1990년대에는 사정거리 1,300km인 노동미사일을 배치하였고, 2007년에는 사정거리 3,000km 이상의 중거리 탄도미사일을 배치함으로써 일본과 괌을 직접 타격할 수 있게 되었다. 또한 북한은 1990년대부터 장거리 탄도미사일 개발에 착수하여 1998년 대포동 1호, 2006년, 2009, 2012년에 대포동 2호를 시험 발사하였다. 대체적으로 북한은 스커드 미사일 600기, 노동 미사일 200기를 포함하여 1,000기 정도의 다양한 미사일을 보유한 것으로 추정되고 있다.

더구나 북한은 2010년 10월 노동당 창건 65주년 기념 군사퍼레이드에서 사거리가 3,000~4,000km이고 차량에 탑재된 무수단 미사일과 120km의 단거리이기는 하지만 고체연료를 사용하는 이동식 미사일인 KN-02 미사일을 공개하기도 하였고, 2012년 4월 15일 태양절 퍼레이드에서는 사거리 5천km 이상으로 추정되는 차량탑재 신형 미사일인 KN-08을 공개하기도 하였다. 무수단 미사일이나 KN-08의 경우 시험평가를 하지는 않았지만 상당한 능력을 보유하고 있을 것으로 평가되어 심각한 위협으로 인식되고 있다. 그리고 북한은 수시로 다수의 탄도미사일들을 동해나 서해로 시험발사하고 있다.

북한은 잠수함발사 탄도미사일(SLBM:Submarine Launched Ballistic Missile)도 개발하고 있다. 이것은 탐지가 어렵고, 이동하여 예상치 않은 방향에서 공격할 수 있다. 이의 개발에 실제 성공할 경우 한국은 대응전략을 근본적으로 재검토해야 한다.

〈북한의 핵무기 활용 형태〉

이미 북한은 핵무기 보유 자체로 상당한 정치적 영향력을 행사하고 있다. 한국은 물론이고, 미국과 중국을 비롯한 6자회담 관련국들이 북한과 접촉하거나 북한에 대하여 지대한 관심을 갖거나 수시로 만나서 북한 핵문제 해결을 위한 의견을 교환하는 것 자체가 북한의 정치적 영향력이 발휘되고 있는 것이다. 경제적으로 극도로 피폐해진 현재의 북한이 핵무기를 보유하지 않은 상태라고 할 경우 주변국들이 지금과 같은 정도의 관심을 기울이지는 않을 것이다.

이제 북한은 핵무기를 한국 및 국제사회를 협박하는 수단으로 활용할 수 있다. 이미 북한은 "정전협정 백지화," "제2의 조선전쟁," "제1호 전투근무태세," "핵 선제타격", "미사일 사격대기" 등의 섬뜩한 용어들을 사용한 바 있고, 앞으로도 이러한 경향은 계속될 것이다. 남북한 간에 어떤 갈등 상황이 발생하여 극단적으로 악화될 경우 북한은 핵무기 사용으로 위협할 수 있다. 명시적인 위협이 없다고 하더라도 한국은 북한이 핵무기를 보유하고 있다는 사실을 염두에 두어 대북정책을 수립하지 않을 수 없고, 그것 자체가 한국으로 하여금 선택의 여지를 축소하도록 만들고 있다. 또한 북한은 일본이나 미국과의 외교적 협상에서도 핵무기 카드를 사용할 수 있고, 이러한 경향은 북한이 핵무기를 증강하면 할수록 강화될 것이다.

북한이 남북한 간의 외교적이거나 정책적인 문제를 유리하게 해결하는 방안으로 핵무기 위협을 사용하는 것처럼 군사적 문제에 대해서도 그렇게 활용할 수 있다. 북한은 군사적인 갈등이나 충돌이 발생하였을 경우 핵무기 사용 가능성을 직접 및 간접적으로 암시함으로써 그들에게 유리한 방향으로 결과를 이끌어나가고자 노력할 것이다. 북한이 국지도발을 감행할 경우 한국이 단호하게 대응하는 것이 쉽지 않고, 그렇게 되면 북한은 더욱 잦은 도발을 시도할 수 있다. 앞으로 북한의 핵무기 보유가 늘어날수록 북한은 자신들이 어떤 도발을 감행하더라도 한국이 보복하지 못할 것이라고 판단할 가능성이 높다.

이러한 판단은 당연히 전면전에도 사용될 수 있다. 북한은 전면전을 감행하더라도 핵무기 사용으로 위협하면 한국이나 미국이 계획처럼 대규모로 반격하는 것이 어려울 것이라고 계산할 수 있다. 또는 그러한 계산을 바탕으로 국지전을 발발하였다가 전면전으로 확산하는 방식을 선택할 수 있다. 북한은 한국의 어느 부분을 기습적으로 공격하여 확보한 후 협상을 요구하면서 한미연합전력이 어떤 대응조치를 취할 경우 핵무기를 사용하겠다고 엄포하여 그것을 기정사실화할 수도 있다. 전면전을 수행할 수 있는 경제적 뒷받침이 없다고 할 경우 국지전 도발 후 중단, 또 다른 국지전 도발 후 중단을 반복할 가능성이 높다.

북한이 실제로 핵무기를 사용할 가능성도 배제할 수 없다. 이 경우 그들의 핵무기 위력을 과시하는 목적으로 한국의 어느 도시에 투하할 수도 있고, 남북한 간에 어떤 정책적 상충이 발생하였을 경우 한국의 양보를 강요하기 위하여 그들이 판단한 결정적인 표적을 타격할 수도 있다. 처음부터 치밀하게 계산한 후 핵무기를 사용할 수도 있지만, 남북한 간에 군사적 상황이 제대로 해결되지 못한 채 악화되는 과정에서 우발적으로 사용될 가능성도 배제할 수 없다. 또한 북한은 한발의 핵무기를 사용한 후 협상을 할 수도 있지만, 다수의 핵무기를 사용하여 전세를 결정적으로 종결시키고자할 가능성도 배제할 수 없다.

북한은 국지도발이나 전면전쟁을 감행하면서 미군의 증원을 차단하기 위하여 핵무기 사용을 위협하거나 사용할 수도 있다. 북한은 지금도 주한미군 기지에 핵미사일을 발사할 수 있고, 괌도 공격할 수 있으며, 앞으로 장거리 미사일 능력을 향상시킬 경우 하와이나 미 본토까지도 공격할 수 있다. 잠수함으로 SLBM을 발사할 수 있을 경우 미국을 더욱 직접적으로 위협할 수 있다. 이 경우 북한의 핵무기는 한반도 유사시 미 증원군이 파견되지 못하도록 하는 결정적인 수단이 될 것이다. 현재 북한이 장거리 미사일이나 SLBM을 개발하는 목적은 미국 영토를 핵무기로 공격할 수 있는 능력을 과시하여 미국이 한반도 유사시 증원하지 못하도록 위협하기 위한 목적이다.

〈북한의 핵무기 사용 가능성〉

상당수 국민들은 북한이 같은 민족인 한국에 대하여 핵무기를 사용하는 일은 없으리라고 생각한다. 북한의 핵무기는 미국을 공격하기 위한 것으로서, 미국과 북한의 문제이지 한국의 문제는 아니라고 생각하기도 한다. 그러나 북한은 이미 6·25전쟁을 통하여 동족에게 총부리를 겨눈 적이 있고, 1987년에는 무고한 민간인을 태운 대한항공 여객기를 공중에서 폭파한 적도 있다. 자신의 주민들조차 제대로 돌보지 않는 북한 정권이 동족이라는 이유로 한국에 대하여 핵무기를 사용하지 않을 것이라는 생각은 곤란하다.

일부 국민들은 북한이 핵무기를 사용할 경우 미국의 대대적인 핵보복을 받을 것이고, 그리하여 북한 정권이 멸망하게 될 것임을 알기 때문에 핵무기 사용을 결정할 수 없다고 생각한다. 이것은 북한 정권이 합리적이라고 가정하에서 비롯된 추정이다. 그러나 대부분이 익히

체험하고 있듯이 북한 정권은 그다지 합리적이지 않다. 대규모 경제 원조를 받을 수 있는 개방과 개혁을 수용하지 않은 채 핵무기 개발을 통한 고립의 길을 선택하는 북한을 합리적이라고 평가하기는 어렵다.

일부의 국민들은 북한의 핵무기는 자신을 방어하기 위한 고육지책(苦肉之策)으로서 협박하기 위한 것일 뿐이라고 말할 수도 있다. 실제로 북한으로서도 핵무기 사용을 결심하기는 쉽지 않을 것이다. 그러나 대부분의 전쟁이 그러하지만 감정적 동기나 갑작스러운 상황악화가 돌발적 결심으로 연결될 가능성은 매우 높다. 스퇴싱어(John Stoessinger)가 최근의 10개 전쟁사례를 연구한 결과를 바탕으로 전쟁을 유발하는 가장 결정적 요소는 오인식(誤認識, misperception)이라고 분석했듯이 합리적 계산보다는 지도자의 성격적 결함, 자존심, 오판이 전쟁의 발발에 더욱 빈번한 원인이다. 김정은과 같은 젊은 지도자일수록 상황을 오판할 가능성이 높을 것이다.

실제로 남북한 간에 어떤 국지적 도발이 발생하거나 심각한 견해차이가 발생하여 긴장이 최고도로 달하였음에도 북한이 끝까지 핵무기 사용을 자제할 것이라고 판단할 수는 없다. 또한 북한의 한반도 통일 목표가 불변이라고 한다면 당연히 북한은 핵무기를 당 규약에서 규정한 공산혁명 과업의 달성 및 대남위협 수단으로 인식할 것이다.

실제로 북한은 2013년 4월 1일 최고인민회의에서 채택한 "자위적 핵보유국의 지위를 더욱 공고히 할 데 대한 법" 제5조에서 "적대적인 핵보유국과 야합해 우리 공화국을 반대하는 침략이나 공격행위에 가담하지 않는 한 비핵국가들에 대하여 핵무기를 사용하거나 핵무기로 위협하지 않는다."라고 밝히고 있는데, 이것을 역으로 해석하면 "적대적인 핵보유국"은 미국일 것이고, "적대적인 핵보유국과 야합해 우리 공화국을 반대"한다고 북한이 판단하는 국가는 한국일 것이며, 따라서 북한은 미국과 한국에 대해서는 핵무기를 사용할 수도 있다는 방침을 설정한 상태라고 할 수 있다.

2. 핵무기 폭발 시의 위력과 피해

〈핵무기 폭발의 위력〉

핵무기가 폭발하면 폭풍(blast), 열(heat), 방사선(radiation)이 발생하여 인명과 시설을 살상 및 파괴시킨다. 각 효과의 비중은 폭발형태에 따라서 달라지지만 대체적으로 폭풍 효과가 가장 크고, 다음으로는 열과 방사선이며, 추가적으로 전자기파(EMP: Electromagnetic Pulse)가 발행하여 전기 및 전자기기들을 무력화시키기도 한다.

핵폭탄의 위력(yield)은 주로 TNT 양으로 표시되는 데, 1945년 8월 일본의 히로시마는 약 16kt, 나가사키에는 약 20kt 위력의 원자폭탄이 투하되었고, 그 결과 히로시마에서는 90,000~166,000명 나가사키에서는 60,000~80,000 명 정도가 사망한 것으로 알려지고 있다.

한국에서 핵무기가 폭발할 경우 어느 정도의 피해가 발생할 것인지에 대하여 논의한 바는 많지 않다. 다만, 2004년 미국의 맥킨지(Matthew G. McKinzie)와 코크란(Thomas Cochran) 박사는 북경에서 열린 세미나에서 1990년대에 미 국방부에서 분석해본 자료를 바탕으로 서울에서 핵무기가 폭발할 경우 발생할 것으로 예상되는 피해를 추산하여 발표한 바 있는데, 그것은 〈표 1〉과 같다.

〈표 1〉 서울에서의 핵폭발 시 피해 규모(15kt)

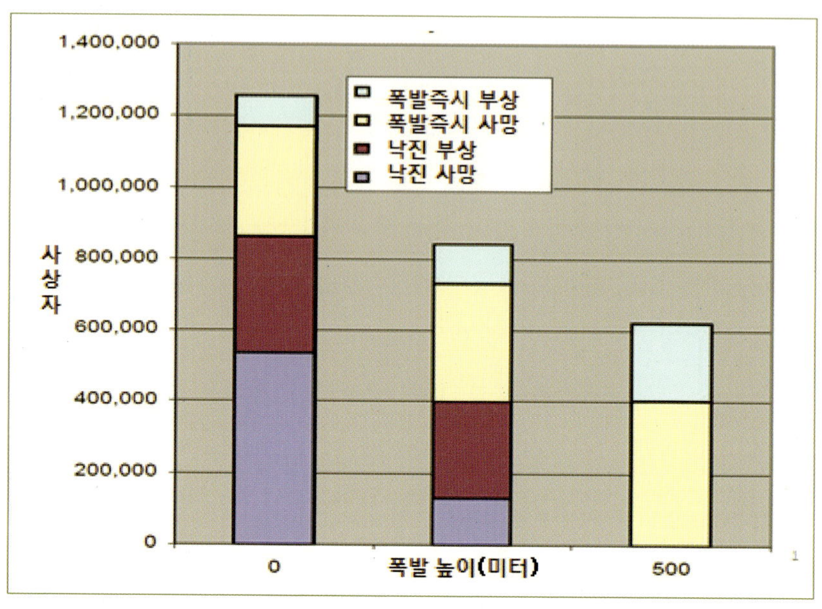

〈표 1〉을 보면, 1945년 히로시마와 나가사키에 투하된 핵폭탄이 동일한 형태로 공중에서 폭발할 경우 6배 정도 많은 사상자가 예상되고, 지면에서 폭발할 경우에는 10배가 넘은 사상자가 발생한다. 즉, 15kt의 핵무기가 서울 500m 상공에서 발생하면 62만명의 사상자, 100m 상공이면 84만명의 사상자, 지면폭발이면 125만명의 사상자가 발생한다고 분석하였다.

유사한 시기에 한국 국방연구원에서도 핵무기 폭발 시의 피해를 판단해본 적이 있다. "통상적인 기상조건 하에서 서울을 대상으로 20kt급 핵무기가 지면폭발 방식으로 사용된다면 24시간 이내 90만 명이 사망하고, 136만 명이 부상하며 시간이 경과할수록 낙진 등으로 사망자가 증가한다. 100kt의 경우 인구의 절반인 580만 명이 사망하거나 다친다. 용산 상공 300m에서 20kt급 핵무기가 폭발하는 경우 30일 이내에 49만명이 사망하면서 48만명이 부상당할 것이고, 100kt급 핵무기를 300m 상공에서 폭발시키는 경우 180만 명이 사망하면서 110만명이 부상당할 것으로 예상된다."는 내용이다.

핵무기가 서울과 같은 도시에서 폭발한 경우 상당한 피해가 발생하는 것은 사실이지만, 국민 모두가 사망하는 것은 아니다. 냉정하게 생각해볼 경우 15~20kt의 핵무기가 1발 사용되어 100만명 정도의 피해가 발생한다면, 1,000만명 정도의 서울 거주 인구를 고려할 때 생존자가 더욱 많다. 사전에 다소의 대피조치나 적절한 응급조치를 강구할 경우 그 피해는 더욱 줄어들 것이다.

〈핵피해의 형태〉

핵무기에 의한 공격을 받을 경우 가장 즉각적이면서 치명적인 피해는 핵폭풍에 의한 것으로써, 핵폭발 원점에서 생성된 강한 압력이 시속 수백km 속도로 사방으로 분산되어 나감으로써 야기된다. 원점에 가까울 경우에는 대형 빌딩도 붕괴될 정도로 위력이 크다. 〈표 2〉는 10kt 규모의 핵무기가 폭발할 경우 생성되는 압력과 풍속으로서 800m 내에서는 대부분의 건물을 붕괴시킬 정도로 위력이 큼을 알 수 있다. 핵폭풍과 함께 강력한 열복사선이 방사되어 화재를 유발하거나 사람에게 화상을 입기도 한다.

〈표 2〉 10KT 핵폭발 시의 거리별 압력과 바람

최대 압력(psi)	원점에서의 거리(km)	최대 풍속(km/h)
50	0.29	1503
30	0.39	1077
20	0.48	808
10	**0.71**	**473**
5	0.97	262
2	1.8	113
• 0.1-1 psi: 빌딩에 대한 소규모 피해, 유리창 정도 파손 • 1-5 psi: 빌딩에 대한 상당한 피해, 원점 방향의 부분 피해 • 5-8 psi: 빌딩에 대한 심각한 피해, 또는 파괴 • 9psi 이상: 튼튼한 빌딩만 심각한 피해 후 건재하고, 나머지 빌딩은 파괴		

출처: National Security Staff Interagency Policy Coordination Subcommittee, *Planning Guidance for Response to a Nuclear Detonation,* 2nd edition (FEMA, June 2010), p. 16.

핵폭발에 의한 피해 중에서 최소한의 조치만 강구하더라도 상당한 피해의 감소가 가능한 것은 낙진에 의한 방사능 오염이다. 낙진은 천천히 광범하게 떨어지기 때문이다. 낙진의 방사능은 처음에는 치명적이지만 시간이 흐름에 따라 급격히 약해지기 때문에 폭발 직후의 얼마 동안 대피할 수 있는 조치를 강구할 경우 피해를 크게 줄일 수 있다. 실제로 낙진의 방사능은 이틀 정도가 지나면 원래 위력의 1/100으로 떨어져서 간헐적인 활동이 가능할 수 있고, 2주 후에는 전반적인 활동이 가능할 수준으로 감소된다. 그래서 핵대피소에서 2주간을 견디는 것이 강조되는 것이다.

나아가 방사선에 노출되었다고 하여 모두가 사망하는 것은 아니다. 그것은 노출의 정도와 개인별 건강상태에 따라 달라지는데, 대체적으로 450R(렌트겐)/hr를 받은 사람 중에서 1/2 정도가 사망하는 것으로

되어 있다. 대피소 등에서 오랜 기간 동안 불편한 생활을 영위하여 영양이 부족하거나 스트레스가 많을 경우 이보다 더욱 적은 양에 노출되어도 피해가 발생할 수 있다. 방사능에 노출된 정도별 증상을 정리하면 〈표 3〉과 같다.

〈표 3〉 방사선 노출 시 증상

방사선 노출 정도	증상
50~200 R(Roentgen)/hr	반 이하가 24시간 이내에 어지럼증과 구토 증상. 일부는 쉬피로해지고, 5% 미만이 치료 필요. 다른 병이 있을 경우 합병증으로 사망 가능
200~450 R/hr	이 정도의 방사능에 잠시 노출되어도 반 정도가 수일동안 어지럼과 구토 증상. 반 이상이 머리가 빠지고, 목 따가움 등 질병 발생. 백혈구의 파괴로 면역이 약해짐. 대부분이 치료를 받아야 하나, 반 이상은 치료없이도 생존 가능
450~600 R/hr	수일에 걸쳐 심각한 어지름 및 구토 증상. 입, 목구멍, 피부로부터 다량의 출혈 및 머리 빠짐. 목감기, 폐렴, 장염과 같은 질병 발생. 치료 및 입원 필요. 최선의 치료에도 반 이하만 생존
600~1,000 R/hr이상	심각한 어지럼증과 구토 증상. 약을 처방하지 않으면 이 증상은 수일 또는 사망시까지 계속. 출혈이나 탈모 증세도 없이 2주 후에 사망 가능. 최선의 치료에도 생존 가능성 희박
수천 R/hr	노출 직후 쇼크 발생. 수시간 또는 수일내 사망
* 방사능에 노출될 경우 초기에는 식욕 감퇴, 어지럼증, 구토, 피곤, 허약, 두통과 같은 증세가 나타나다가 나중에는 입의 따가움. 탈모, 잇몸출혈, 피하 출혈, 설사 등이 발생함.	

출처: Federal Emergency Management Agency, *Protection in the Nuclear Age* (Washington D.C.; FEMA, June 1985), pp. 7-8.

핵무기의 폭발이 다른 어느 무기보다 치명적인 피해를 야기하는 것은 분명하지만 그렇다고 하여 세상의 종말을 야기하거나 모든 국민들을 사망하도록 만드는 것은 아니다. 미국의 워싱턴(Washington D.C.)에 10kt의 핵무기가 투하되었을 경우 30만 정도는 사망하지만 나머지 대부분은 생존하고, 생존자 중에서 25만명 정도가 낙진에 의한 피해를 입을 가능성이 있는데, 사전에 대비조치를 강구하거나 폭발 당시라도 적절한 노력을 경주하면 90% 정도의 피해는 예방할 수 있다는 분석도 있다. 사전에 적절히 대비할 경우 핵폭발 시의 피해를 상당할 정도로 감소시킬 수 있는 것은 사실이라고 할 것이다.

3. 한국의 핵 대응수준 평가

〈일반적 핵 대응방향〉

핵위협에 대한 대응은 해당 국가가 핵무기를 보유하고 있는 지 여부에 따라서 확연히 달라진다. 핵무기를 보유하고 있을 경우에는 핵무기에 의한 응징보복이 핵심적인 요소가 될 것이다. 그러나 한국은 핵무기를 보유하고 있지 않기 때문에 대체적으로 다음과 같은 다섯가지의 형태를 적용하게 된다.

첫째, 외교적 비핵화로서 상대국가와 직접 협상하거나 국제사회와의 연대를 통하여 상대국의 핵무기 개발을 포기시키거나 개발된 핵무기를 폐기함으로써 비핵화 상태로 환원시키는 것이다. 이것은 합리적이면서, 평화적인 대안이라서 국내 및 국제적인 지지를 손쉽게 획득할 수 있다. 다만, 이 방법은 상대방을 설득해야하기 때문에 성공을 보장하기 어렵고, 기어코 핵무기를 개발해야겠다고 결심한 국가에 대해서는 시간만 낭비할 우려가 있다.

둘째, 상대방이 개발한 핵무기를 사용하지 못하도록 억제(抑制, deterrence)시키는 것, 즉 상대방에게 핵무기를 사용할 경우 매우 심각한 대가를 치를 것임을 위협하는 것이다. 이 방법은 평화적이면서 외교적 노력과 병행하여 추진할 수 있는 장점이 있지만, 억제가 효과를 발휘하고 있는지를 평가하는 것이 쉽지 않고, 상대방의 결정에 수동적으로 따라야 한다는 단점이 있다.

셋째, 방어로서 상대방의 핵무기 공격을 막아낼 수 있는 능력을 구비하는 것이다. 상대방이 항공기, 미사일, 잠수함 등을 이용하여 핵무기를 발사할 경우 그것을 도중에 요격(interception)하거나, 상대방이 공격하기 직전에 지상에서 해당 핵무기를 타격하여 파괴, 즉 선제타격(preemptive strike)하게 된다. 이것은 성공할 경우 상대방의 핵전력 전체를 무용화할 수 있고, 내외의 지지를 획득하기가 용이하다. 다만, 고도의 기술과 대규모 비용이 필요하다는 단점이 있다.

넷째, 방어의 일환이면서도 독자적인 영역으로 구분할 수 있는 사항은 핵폭발 시를 대비한 대피 또는 민방위(civil defense)이다. 이것은 핵폭발 시 국민들의 생존율을 향상시킬 수 있도록 대피소를 구축하거나 안전한 지역으로 소개(疏開, evacuation)하는 활동으로서, 평화적이지만 국민들을 불안하게 만들고, 상당한 비용과 노력을 각오해야하며, 전략적 수세를 감수해야 한다.

다섯째, 상대방과의 타협으로서, 유화정책(appeasement policy)으로도 비판받을 수 있지만 상대방이 요구하는 조건을 어느 정도 수용함으로써 핵무기 사용의 빌미를 최소화하면서 효과적인 해결책이 대두될 때까지 시간을 버는 방법이다. 이것은 최악의 사태는 모면할 수 있지만, 내외적으로 굴종으로 비판받을 수 있고, 상대방이 더욱 많은 것을 요구할 경우 대안이 점점 고갈된다는 단점이 있다.

〈핵위협 강화에 따른 대응방법 변화〉

특정 국가가 어떤 대응방법을 사용할 것이냐는 것은 그 당시 직면하고 있는 핵위협의 강도에 따라서 달라질 수밖에 없다. 예를 들면, 상대가 핵무기를 개발하는 것 같다고 의심하는 단계에서는 대부분의 국가들이 외교적 노력으로 상대방의 핵무기 개발을 포기 및 중단시키고자 노력하겠지만, 실제로 핵무기 개발에 성공해버리면 이러한 외교적 노력과 함께 사용하지 못하도록 하는 억제조치를 강구할 수밖에 없다. 핵무기 위협이 강화될수록 동원되는 방법이 더욱 많아지고, 방어 조치들의 비중이 커질 것이다.

상대방이 미사일에 탑재하여 공격할 수 있을 정도로 핵무기를 '소형화 · 경량화'(탄도미사일에 탑재하려면 미사일 직경보다 크기가 작아야하고, 미사일의 추진력으로 운반할 수 있을 정도로 가벼워야 한다)했느냐 여부는 대응방법의 선택에서 중요한 분수령이다. 핵미사일은 음속의 5~20배로 비행하여 기술적으로 탐지하여 요격하는 것이 어려워 상대가 '핵미사일'을 구비했다는 것은 우리가 무방비로 적의 공격에 노출되는 상태라는 것이 되기 때문이다. 당연히 외교적 비핵화와 억제도 추진해야 하지만, 방어는 물론이고, 대피 또는 핵민방위도 고려하게 된다.

상대가 핵미사일을 '다종화 · 다수화'(플루토늄뿐만 아니라 우라늄으로도 핵무기를 만들고, 증폭핵분열탄과 수소폭탄을 제조하여 핵무기의 숫자를 증대시키는 것)할 경우에는 억제에 비해서 방어와 대피의 비중이 높아져야 한다. 이러한 상황에서는 대피 또는 민방위도 적극적으로 시행되고, 상대방의 요구조건을 어느 정도 수용함으로써 시간을 번다는 타협도 고려해보게 된다.

핵위협의 정도가 강화됨에 따른 대응방법의 선택과 그 비중들을 도식화하여 제시하면 〈표 4〉와 같다.

〈표 4〉 핵위협 강화에 따른 대응방법과 비중의 변화

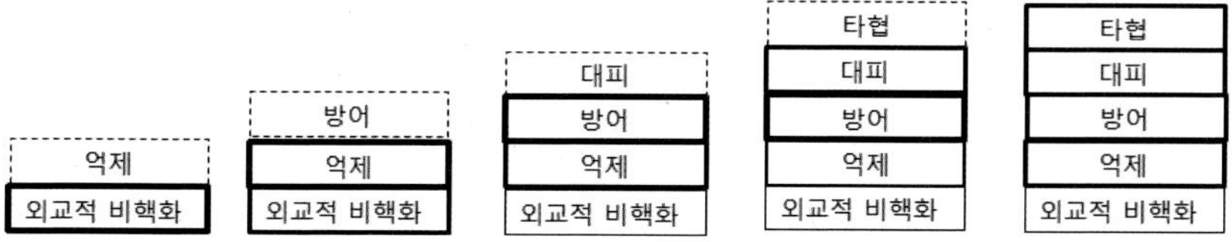

* 윤곽선의 종류와 굵기로 각 방법의 비중 차이를 설명(점선은 검토 수준이고, 실선의 경우 굵을수록 비중이 큼)

〈표 4〉를 세부적으로 설명하면, 첫째, 상대방 국가가 핵무기 개발을 본격적으로 추진할 경우에는 그것을 포기시키기 위한 외교적 노력이 주를 이루면서 일부 억제노력을 검토하기 시작한다. 비핵화를 통하여 핵개발 이전의 상태로 되돌리는 것이 최선의 해결책이기 때문이다. 둘째, 상대방 국가가 핵무기 개발에 성공하게 되면 비핵화를 위한 외교적 노력은 지속하면서도 상대방이 핵무기를 사용하고자 하더라도 억제시키는 것이 중요한 방법으로 대두된다. 동시에 앞으로 핵위협이 더욱 강화될 것에 대비하여 방어조치들도 검토하게 된다. 셋째, 상대방이 핵무기를 '소형화 · 경량화'하는 데 성공하였을 경우에는 핵미사일에 의한 공격 가능성이 높아진 상태로서 핵미사일을 공중에서 요격하거나 발사준비를 하는 동안에 타격하는 선제타격에 관하여 중점적으로 논의하고, 조치하게 된다. 일부에서는 핵대피를 포함하는 민방위도 논의하게 된다. 넷째, 상대방이 핵무기의 숫자를 상당할 정도로 증대시켰을 경우에는 선제타격과 요격 등의 방어조치도 한계가 있다고 판단하여 대피조치의 비중을 강화하고, 상대방의 요구를 어느 정도 수용하는 타협의 가능성도 고려하지 않을 수 없다. 다섯째, 상대방이 대륙간탄도탄이나 잠수함발사 미사일 등을 포함한 전략 수준의 핵무기를 보유하게 되었을 경우에는 동맹국들의 지원이 어려워질 가능성이 높아지고, 따라서 억제, 방어, 대피 등의 모든 조치를 적극적으로 강구하면서 타협을 더욱 전향적으로 검토해야 한다.

〈표 4〉에서 제시되고 있는 바와 같이 핵위협이 강화되어 새로운 조치가 추가된다고 하여 이전 조치가 불필요해지는 것은 아니다. 핵위협이 강화되는 만큼 국가전체 업무 중에서 핵대응이 차지하는 비

중이 증대되어 핵대비를 위한 노력의 절대량이 커질 것이고, 따라서 다양한 조치들이 함께 추진될 수 있다. 다만, 각 조치별로 상호보완 효과도 적지 않아서 외교적 비핵화가 효과를 거둘 경우에는 억제와 방어 노력을 일부 절약할 수 있고, 방어조치가 강할 경우에는 외교적 조치나 억제에 대한 의존도를 줄일 수 있다. 방어에 중점을 두다가도 그것이 어렵거나 합리적이지 않다고 판단할 경우 억제 또는 외교적 비핵화의 비중도 역으로 변화시킬 수 있다. 핵전쟁은 전쟁의 주체인 국가를 초토화 시킬 수 있는 너무나 심각한 사태이기 때문에 불가피할 경우 경제적이거나 주권적인 어떤 사항을 양보하더라도 타협하여 회피할 수 있어야 한다.

〈한국의 대응방법 수준 평가〉

〈표 4〉에서 제시하고 있는 바와 같이 상대가 핵무기 개발을 시도하는 초기에는 외교적 비핵화가 주축이 되지만, 상대가 핵무기의 질과 양을 계속 증대시키면 그에 맞도록 억제, 방어, 대피, 협상 등의 다양한 방법을 추가해 나갈 수밖에 없다. 북한이 핵무기의 소형화·경량화를 달성하였고 조만간 '다종화 · 다수화'에도 근접할 수 있다는 판단에 근거하여 한국의 현 대응방법을 개별적으로 평가해보면 다음과 같다.

- **외교적 비핵화 :** 북한 핵위협에 대한 대응에서 한국이 처음부터 가장 높은 비중을 두었고, 아직도 유사한 비중을 두고 있는 것은 외교적 노력을 통한 비핵화로서, 미국, 중국, 일본, 러시아, 한국, 북한으로 구성된 6자회담을 핵심적인 수단으로 삼고 있다. 6자회담은 2003년부터 베이징에서 개최되었고, 2005년 '9 · 19 합의'에서 북한의

비핵화 약속을 이끌어내기도 하였으나 현재는 개최 자체가 불투명할 정도로 기능을 상실하고 있다.

6자회담의 경우 북한 핵에 대한 각자의 정책방향도 명확하다고 보기 어려운 5개 국가들이 북한을 포함한 다른 5개 국가들과 타협해 나가는 구조라는 점에서 협상이나 실질적인 성과를 달성하기는 쉽지 않다. 6자회담을 주도하고 있는 국가는 중국인데, 중국의 경우 한국의 기대와 달리 북한의 비핵화에 대한 의지도 강하지 못하고, 북한에 대한 영향력이 기대만큼 높지 않는 것으로 드러난 상태이다. 한국의 입장에서도 6자회담은 미국과 중국이 주도하는 형국이어서 독자적인 입장을 반영하기가 어렵다는 한계가 있다.

• 억제 : 북한 핵무기에 대한 한국의 기본적인 억제방책은 미국의 '확장억제'(extended deterrence)에 의존하는 개념이다. 북한이 한국을 핵무기로 공격할 경우 미국이 한국을 대신하여 응징보복할 것이라는 점을 북한에게 알려서 북한의 핵무기 사용을 억제하고 있는 것이다. 2010년 한국과 미국은 '국방협력지침'을 체결하여 '한미 확장억제 정책위원회'를 설치하였고, 2013년부터 '맞춤형 억제전략'(tailored deterrence strategy)을 완성하여 위협단계, 사용임박단계, 사용단계로 나눠서 다양한 정치적, 군사적 조치들을 망라해둔 상태이며, 이제는 '억제전략위원회'로 더욱 적극적인 조치들을 강구하고 있다.

다만, 미국의 확장억제가 약속대로 시행될 것으로 판단하기는 쉽지 않다. 자국에 대한 공격에 응징보복하는 것과 우방국에 대한 공격에 응징보복하는 강도는 다를 수밖에 없다는 점에서 확장억제는 본질적인 한계를 지니고 있기 때문이다. 이러한 이유로 북한은 미국이나 미군에 대한 핵공격에는 주저하더라도 한국에 대한 공격은 주저하지 않을 수 있다. 미국이 전통적으로 사용해오던 '핵우산'(nuclear umbrella)을 재래식 수단까지도 포함하는 '확장억제'로 용어를 전용한 것에서 나타나고 있듯이 미국의 입장에서도 핵무기 사용은 쉽지 않다.

• **방어** : 상대의 핵위협으로부터 국가와 국민을 방어하기 위한 조치에는 요격, 선제타격, 대피가 있는데, 그 중에서 핵심적인 방법은 요격이다. 요격의 경우 기술과 비용이 문제가 되지만 가장 기본적이면서 안정적인 방어의 방법인 것은 분명하다. 다만, 김대중 정부와 노무현 정부 시기에는 남북한 간 화해협력 분위기를 저해한다는 이유로 탄도미사일 방어(BMD : Ballistic Missile Defense)를 제대로 논의하지 못하였다. 북한의 제1차 핵실험 후인 2008년 이명박 정부가 출범하면서 이에 대한 관심을 증대시키기는 하였으나, 실제로 구현된 사항은 많지 않았다.

최근 국방부는 BMD 추진노력을 강화하고 있다. 2012년 이스라엘로부터 '그린파인 레이더' 2식(式, 시스템을 세는 단위)을 구입함으로써 기초적인 감시능력을 구비하였고, 하층방어를 우선적으로 추진하기로 하면서 고도 15km 정도에서 공격해오는 핵미사일을 요격할 수 있는 PAC-3 미사일을 획득하기로 결정하였다. 스캐퍼로티(Curtis Scaparatti) 주한미군 사령관이 본국에 사드(THAAD: Theater High Altitude Area Defense)라는 상층방어용 요격미사일(고도 150km 정도에서 공격해오는 상대의 핵미사일 요격 가능)의 한국 배치를 요청하였다고 언급한 이후 활발한 토론이 전개 된 바 있다.

BMD의 경우 상당한 시간과 비용이 소요되기 때문에 한국은 선제타격(preemptive strike)을 통하여 공격 직전의 북한 핵미사일을 파괴시키는 방법에 높은 비중을 두고 있다. 2013년 2월 북한의 3차 핵실험 직전 정승조 당시 합참의장이 적의 핵무기 사용에 대한 "명백한 징후"가 있을 때 "자위권 차원에서 선제타격하겠다"고 언급한 이후 한국군은 탐지 후 최소한 30분 내 타격한다는 목표로 '킬 체인'의 개념을 제시하고, 이를 완성하기 위하여 노력하고 있다. 다만, 한국군은 탐지 1분, 식별 1분, 결심 3분, 타격 25분으로 생각하고 있지만 2분 이내에 탐지와 식별을 하고, 3분 이내에 모든 정보를 종합하여 결심한다는 것은 현실상으로는 어렵다는 한계가 있고, '명백한 징후'를 확보하는 것이 쉽지 않다.

공격해오는 적의 핵미사일을 공중에서 요격할 수도 없고, 발사 직전에 선제타격을 할 수도 없다면, 한국은 이스라엘처럼 기습공격을 통하여 북한의 핵시설을 파괴시키는 방안, 즉 예방타격도 고려해봐야 한다. 실제로 1993년과 1994년에 조성된 핵위기 상황에서 당시 페리(William Perry) 미 국방장관은 예방타격 차원에서 북한의 핵발전소를 정밀타격(surgical strike)하는 방안을 검토한 바 있다. 그러나 당시 한국의 정치인들이 적극 반대한 것으로 전해지고 있듯이 대부분의 국민들은 예방타격을 유효한 대안으로 인식하고 있지 않다.

• 대피 : 북한이 한국을 핵미사일로 공격할 수 있다면, 방어능력이 미흡한 한국으로서는 핵대피 또는 핵민방위를 검토해야하지만, 실제로는 그렇지 않았다. 제1차 핵실험 이후 "사후관리"(consequence management)라는 용어로 이의 필요성이 제기된 바 있고, 일부 정부 연구기관에서 검토한 바가 있으나 이 분야에 대한 연구에는 여전히 소극적이다. 다만, 서울 소재 고급빌라인 '트라움 하우스'의 경우 스위스의 핵대피 기준에 근거하여 200명이 20일 이상을 견딜 수 있도록 방공호를 건축하여 보유하고 있다면서 홍보하고 있듯이 일반 국

민들의 필요성 인식은 커지고 있다고 할 것이다.

핵대피는 민방위 차원에서 추진되어야 하는데, 한국의 경우 민방위 제도 자체가 축소되어온 상태이다. 약 370만명 정도의 민방위 대원이 편성되어 있지만, 이들에 대한 교육은 1년에 4시간(77년도에는 1년에 29시간)으로 줄어들었고, 민방위훈련도 연 12회가 8회로 줄면서 민방공훈련 3회, 방재훈련 5회로 중점도 다변화되었다.

• **타협** : 북한이 핵무기의 소형화·경량화에 성공하여 한국을 핵미사일로 공격할 능력을 구비하였다는 것은 한국이 전략적으로 열세에 처해진 것을 의미하고, 앞으로 다종화·다수화에도 성공할 경우 그 열세는 더욱 심각해질 것이다. 따라서 한국은 북한과의 관계를 신중하게 추진할 필요가 있고, 어떤 경우에는 전략적인 양보를 고려해야만 하는 상황에 처할 수도 있다.

실제에 있어서 한국은 북한과의 관계개선을 위한 적극적인 조치를 강구하고 있지 않을 뿐만 아니라 오히려 북한의 핵무기에 대한 궁극적인 해결책은 통일이라는 인식 하에 '급변사태' 등에 관한 논의를 활성화하고 있다. 그렇지만 급변사태 논의는 북한의 붕괴를 활용하여 흡수통일하겠다는 의도로서 북한의 경계심을 자극할 가능성이 높다.

앞에서 논의한 결과를 종합할 경우 북한의 핵위협이 계속 강화되어 왔음에도 한국의 대응방법들은 그에 부합되는 정도로 강화되지 않은 것으로 평가된다. 여전히 외교적 비핵화에만 치중한 채 억제만 일부 논의 및 구현하고 있고, 방어태세는 미흡하며, 대피는 검토조차 머뭇거리고 있는 상황이다. 멀지 않은 장래에 북한이 핵무기의 '다종화·다수화'에 성공할 것이라고 한다면, 이러한 대응태세는 위협의 심각성과 크기에는 훨씬 못미칠 것이다. 지금까지와 향후 수년 동안에 적용될 한국의 핵대응태세를 일반적인 경우와 비교하면 〈표 5〉와 같다.

〈표 5〉 핵위협 강화에 따른 일반적 경우와 한국의 대응방법 비교

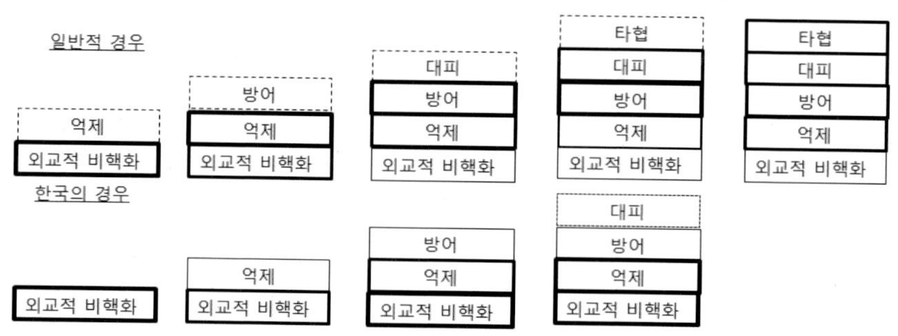

* 윤곽선의 종류와 굵기로 각 방법의 비중 차이를 설명(점선은 검토 수준이고, 실선의 경우 굵을수록 비중이 큼)

〈표 3〉을 보면 일반적인 경우에 비해서 한국의 대응태세는 대체적으로 1-2단계 지연되어 적용되고 있는 것을 알 수 있다. 북한의 핵개발 본격화와 더불어 억제문제를 고려해야 하지만, 한국은 2013년 2월 12일 북한이 3차 핵실험에 성공한 이후부터 고려하기 시작하였고, '소형화·경량화'가 어느 정도 신뢰성이 있는 것으로 판명되자 얼마 전부터 방어에 노력을 하고 있다. 그리고 외교적 비핵화에 대하여 아직도 지나치게 높은 비중을 두고 있고, 핵무기의 '다종화·다수화'가 수년 이후로 예상되는 데도 대피의 필요성을 제대로 인식하지 않고 있으며, 타협의 경우에는 그 필요성조차 생각하지 않고 있는 상황이다.

4. 다른 국가의 민방위 활동

냉전의 시작과 동시에 소련이 핵무기를 개발하자, 핵무기를 보유한 미국과 소련을 정점으로 하는 자유민주주의 진영과 공산주의 진영이 극한적인 대결을 벌리게 되었다. 냉전이 계속되면서 진영 간의 대결이 강화되자 핵전쟁의 가능성도 높아졌고, 최악의 상황을 생각해야할 당위성도 커졌다. 따라서 나토 국가들을 물론이고, 공산권 국가, 스위스나 스웨덴과 같은 중립국가들도 '민방위'(civil defense)라는 명칭으로 핵공격 시 피해를 최소화하기 위한 다양한 방안들을 강구하였다. 이 중에서 대표적이라고 판단되는 스위스, 소련(러시아), 미국의 경우를 설명하면 다음과 같다.

〈스위스〉

스위스는 인구 8백만 명 정도에 불과한 작은 국가로서 영세중립국이다. 그럼에도 불구하고 스위스에서는 19~26 세의 남자는 의무적으로 군 복무를 해야 하고, 최소 260일 이상을 군복무를 해야 한다. 60세 이상의 국민 중에서 면제되지 않은 남자들과 자원한 여자 및 청소년들은 모두 민방위대로 편성된다. 스위스는 민방위관련 조직이 1,200여개에 이르고, 편성된 인원수가 30만 명에 이르는 등 모범적인 민방위 태세를 자랑하고 있다.

스위스는 제2차 세계대전 이후부터 핵전쟁을 포함하여 전쟁에 대한 체계적인 경보체계를 정립하였는데, 국방부 소속 시민보호실(Federal Office for Civil Protection) 예하의 국가비상작전센터(NEOC: National Emergency Operations Centre)가 책임을 지고 임무를 수행하고 있다. 1980년대부터 스위스는 자연재해 등 모든 상황을 통합하되 대피방법이 전혀 다르다고 판단하여 일반적인 사이렌(general siren)과 물 사이렌(water siren)으로 구분하여 사이렌을 운영하고 있다. 스위스는 초기의 몇 분이 결정적이라고 생각하여 전국에 8,200여개의 사이렌을 설치하고 이동식 사이렌도 운영하고 있다. 매년 1회(2월 첫째 수요일) 전국적으로 훈련을 실시한다. 사이렌이 울리면 국민들은 일단 집이나 대피소로 들어간 다음 라디오 등을 통하여 추가적인 지시를 기다리고, 그 지시에 의하여 행동하게 된다. 이 경우 스위스는 모든 방송을 중단한 채 ICARO(Information Catastrophe Alarm Radio Organisation)를 통하여 국민들에게 필요한 지침을 하달하고, 국민들은 최악의 경우라도 수신이 가능하도록 특별조치된 장치를 통하여 대피소에서 방송을 청취하고 그에 따라 행동하게 된다.

스위스의 경우 소개(evacuation)에 관한 사항은 거의 언급하고 있지 않다. 아마 국토가 좁아서 소개 자체가 불가능한 점도 있겠지만, 대피가 충분히 갖추어졌기 때문에 소개 자체의 필요성을 크게 느끼지 않고, 소개에 따른 위험을 감수하지 않겠다고 결정하였을 수 있다.

대피소의 경우 스위스는 1990년대에 이미 국민 모두를 대피시키는데 충분한 대피시설을 확보하였고, 그 이후 계속적으로 그 질을 향상시켜 왔다. 스위스는 1950년대부터 건물을 신축하거나 1,000명 이상의 주민이 거주하는 지역에는 대피소를 설치하도록 의무화하고, 소요되는 경비의 30%를 정부가 보조하면서 기준에 맞게 설치하는지 심사하여 왔다. 각 가정별로도 환기 및 공기여과장치를 구비한 대피시설을 구축해두고 있다.

스위스는 중립국임에도 다른 어느 국가보다 철저한 민방위를 실시하고 있다. 비록 2001년 9·11사태 이후 스위스에서도 테러나 재해 등의 비중이 증대되었고, "시민보호"(Civil Protection)라는 용어를 사용하지만, 핵민방위의 중요성은 망각하지 않고 있다. 그래서 테러나 재해는 주(Canton)에서 담당하지만, 핵공격에 대한 민방위 활동은 여전히 국가가 담당하고 있다.

〈소련(러시아)〉

현재의 러시아가 대부분을 계승한 소련은 적의 핵공격으로부터 국민들의 생존을 보호하는 사항을 전략적 수준의 조치로 인식하였다. 소련은 미국이 핵공격을 하더라도 미국이 예상하는 것만큼 초토화되지 않기 위한 대비를 갖추고자 노력하였는데, 미국의 핵공격에도 소련 국민의 상당수가 생존한다면 미국의 응징보복은 의미가 없어지고, 그렇게 되면 핵전략에 있어서 소련의 우위가 보장된다고 생각하였기 때문이다. 그래서 소련은 민방위를 담당하는 국방성 차관을 편성하였고, 각 공화국 및 군관구별로도 핵피해 최소화를 위한 민방위 참모를 편성하였으며, 이를 위한 군사학교와 부대를 창설하였다.

경보체계의 경우 소련은 국민들의 신속한 대피보다는 미국의 핵공격에 핵미사일 부대들이 얼마나 신속하면서도 정확하게 대응하도록 하느냐에 역점을 두고 발전시켜 왔다. 조기에 경보가 이루어져야 미국의 제1격에 의하여 핵전력이 무력화되기 전에 핵미사일을 발사할 수 있다고 생각하였기 때문이다. 동시에 국민들에 대한 경보에도 관심을 두어 소련은 사이렌과 라디오를 중점적으로 활용하였다. 경보가 하달되면 국민들은 지시에 따라 대피시설로 옮기고, 민방위대원들이 소집되며,

필요한 대피소를 추가적으로 구축 및 보강하고, 필요한 장비를 불출하며, 소개 등의 다양한 조치를 강구하게 된다.

소련은 소개를 전략적 차원에서 강조하면서, 핵전쟁이 발발할 기미가 높아질 경우 핵심 도시지역에 있는 주민들을 시골지역으로 소개함으로써 적의 제1격에 의한 피해를 예방하거나 적에게 표적을 제공하지 않는다는 개념을 정립하였다. 소련은 핵공격을 받은 이후의 소개에도 상당한 관심을 기울였다. 소련은 국토가 광활하여 모든 지역이 핵공격을 받지는 않을 것이고, 따라서 핵공격 이후에 위험지역에 있는 주민들을 조기에 안전한 지역으로 소개하거나, 핵 방사선에 노출된 국민들을 구조하는 것도 전략적으로 필요하다고 판단하였다.

소련은 대피소 구축에도 집중적인 노력을 경주하여 1970년대 후반에 이미 핵공격을 받더라도 최소한의 인구만 희생되는 수준으로까지 대피소를 구축하였다고 평가하는 자료도 있다. 1980년대에 소련은 더욱 집중적인 재원을 이 분야에 투입하였다. 공산정권에 의한 일사불란한 지시가 가능했고, 국토가 넓어서 대피소를 구축하는 것이 크게 어렵지 않았을 것이다.

소련이 이와 같이 핵 민방위를 집중적으로 강화하자 핵폭발 시 생존 정도에서 미국이 소련에 비해서 매우 불리하게 되었고, 따라서 서로의 대규모 응징보복으로 위협하여 핵전쟁을 억제한다는 미국의 상호확증파괴(MAD: Mutual Assured Destruction) 전략은 계속될 수 없었다. 결국 미국의 레이건(Ronald Reagan) 대통령은 억제 위주의 전략에서 방어를 가미하는 '전략적 방어를 위한 구상'(Strategic Defense Initiative)을 발표하게 되었고, 공격해오는 적 핵미사일을 공중에서 요격하는 방법을 모색할 수밖에 없었다.

〈미국〉

1949년 소련이 핵실험에 성공하자 미국은 '연방 민방위법'을 제정하고, '연방 민방위청'을 창설하였다. 그러나 핵공격을 받을 수 있다는 가정 하에 이로부터 피해를 최소화하기 위한 노력을 본격적으로 강조한 사람은 케네디(John F. Kennedy) 대통령이었다. 그는 '비합리적인 적'에 의한 공격의 가능성을 거론하면서 적의 오판에 대비한 보험 차원에서 민방위를 강화하였다. 그는 대통령 직속으로 '비상계획실'을 창설하여 이 사안을 집중적으로 추진하도록 하였고, 전국적으로 4천 700만개의 대피소를 지정하였으며, 그 가운데 일부에 대해서는 필요한 물품을 저장하도록까지 강조하였다.

그러나 미국의 경우 예산의 우선순위에 있어서 핵 민방위가 높은 수준을 부여받지는 못하였고, 그 결과 강조된 것에 비해서 실천 정도는 높지 않았다. 그러다가 1979년 3월 28일 펜실베니아 주에 있던 핵발전소에서 사고가 발생하여 핵물질이 유출됨으로써 핵에 관한 국민적 경각심이 증대되었고, 그보다 더욱 심각한 사태라고 생각되는 핵공격에 대한 대비태세도 더욱 강조되었다. 따라서 카터(Jimmy Carter) 대통령은 연방비상관리국(FEMA)을 창설하였고, 지금도 이 기관이 미국의 민방위에 관한 제반 노력을 통제 및 추진하고 있다.

부시(George W. Busy) 행정부 시절인 2001년 9·11 테러로 인하여 핵대피보다는 테러 등으로부터 국민들의 안전을 중요시하는 측면이 강조되었다. 국토안보부가 창설되면서 FEMA도 그 예하로 소속이 변경되었고, 테러와 자연재해 등이 강조됨으로써 핵피해 최소화를 위한 활동의 비중은 상대적으로 줄어드는 결과가 되었다. 특히 부시 행정부는 공격해오는 핵미사일을 공중에서 요격하는 기술을 집중적으로 개발하였고, 이것이 어느 정도 성공함으로써 핵폭발 시 피해 최소화를 위한 조치는 감소되어도 되는 상황이 되었다. 최근에는 북한을 비롯한 불량국가나 테러분자에 의한 소규모 핵무기 공격 상황을 중심으로 대비노력을 기울이고 있다.

경보 및 안내체계의 경우 미국은 1951년 트루먼(Harry S. Truman) 대통령부터 CONELRAD (Control of Electromagnetic Radiation)라는 체계로 가용한 모든 방송수단을 사용하여 핵전쟁의 상황을 국민들에게 알리는 노력을 체계화하였다. 이것은 Emergency Broadcast System (1963), Emergency Alert System(1997)으로 변화하여 오다가, 2006년 부시대통령에 의하여 IPAWS(Integrated public Alert and Warning System)으로 변화하였다. 현재 미국은 국토안보부 예하의 FEMA에서 관장하여 연방 및 주의 정부기관은 물론이고, 민간기업 및 다양한 비영리단체들과도 협력을 추구하고 있고, 라디오나 텔레비전은 물론이고, 인터넷이나 휴대폰 등 현대적 기술에 의하여 가용해진 모든 수단들을 종합적으로 사용하고자 노력하고 있다.

소개의 경우 미국은 2012년 쓰나미로 인한 일본 후쿠시마(Fukushima) 원전의 방사능 유출과 주변 국민들의 소개에 관한 사례를 계기로 이에 관한 관심을 강화하였다. 일본에서와 같은 사고가 발생하였을 경우 미국이 제대로 대응할 수 있느냐에 관하여 회계감사국(GAO: Government Auditing Agency)이 점검한 바도 있다. 그러나 미국은 핵전쟁 시 소개는 적극적으로 검토하지 않고 있다. 핵공격은 어디에 언제 가해질지 정확하기 알기 어렵고, 소개를 위한 구체적인 방안을 개발하는 것이 쉽지 않기 때문이다. 다만, 주요 군사시설 주변 주민들의 소개에 관해서는 연구해둔 바가 있다.

대피소 구축의 경우 미국은 냉전시대부터 상당한 필요성을 인식하였음에도 불구하고 예산적인 지원이 충분하지 못하여 필요한 정도의 숫자와 질을 구비하지 못하였다. 다만, 미국인들의 주거방식이 지하실을 적극적으로 사용하는 형태이기 때문에 조금만 노력할 경우 대피소의 숫자는 금방 증대될 수 있다. 예를 들면, 토네이도 등이 발생할 때 대피할 수 있도록 구축해둔 지하시설을 조금만 보완하면 핵대피 시설로 활용할 수 있을 것이다. 핵대피소 구축을 위한 예산이 충분하게 할당되지 않자 미국은 폐광산이나 건물의 지하층을 적극적으로 활용하는 식으로 접근하고 있다.

5. 총력적 전쟁대비

〈총력전의 개념〉

총력전은 말 그대로 국가의 모든 역량을 총동원하여 수행하는 전쟁으로서, 개념 자체는 인류가 전쟁을 시작하면서부터 존재하였을 것이나 용어만은 제1차 세계대전 이후 독일의 루덴도르프(Erich von Ludendorff)장군이 1935년에 발간한 『총력전론』(Der Totale Krieg)에서 처음 사용한 것으로 알려지고 있다. 지도자와 그 군대를 중심으로 수행되던 이전까지의 전쟁이 제1차 세계대전을 겪으면서 모든 국민들이 참여하는 전쟁으로 변화되었고, 이에 자극받은 당시의 학자나 군인들이 총력전과 총력전적 수행에 관한 사항을 강조하게 되었다. 20여년 이후에 발발한 제2차 세계대전에서 이러한 총력전의 양상을 더욱 강화되었다.

한국은 제2차 세계대전보다 더욱 총력적인 6 · 25전쟁을 겪었고(미국이나 중국의 입장에서는 국지전으로 볼 수도 있다), 아직도 그 전쟁의 휴전상태이며, 따라서 총력전의 수행과 대비가 철저하게 제도되어 있다. '헌법'의 제76조와 77조에서는 대통령에게 국가의 안위에 관계되는 중대한 교전상태에 있어서 긴급한 조치를 위하여 법률의 효력을 가지는 명령을 발하거나 전시 · 사변 또는 이에 준하는 국가비상사태 시 계엄을 선포할 수 있도록 허용하고 있고, "비상대비자원관리법"을 통하여 "전시 · 사변 또는 이에 준하는 비상시에 국가의 인력 · 물자 등 자원을 효율적으로 활용할 수 있도록 이에 대비한 계획의 수립 · 자원관리 · 교육 및 훈련 등에 필요한 사항을 규정"해두고 있다. 전시에 발동하기 위한 대통령의 다양한 긴급명령을 전시법(戰時法)으로 준비해두고 있고, 향토예비군을 설치하였으며, 민방위

대를 편성하고, 민·관·군(民·官·軍)의 통합방위를 제도화해두고 있다.

〈클라우제비츠의 삼위일체론〉

총력전의 수행과 대비에 관한 이론적 근거는 클라우제비츠의 '삼위일체론'에서 찾아볼 수 있다. 삼위일체는 세 가지의 구분되는 요소가 하나의 동일한 본질로 결합되어 있음을 표현하는 종교상의 용어인데, 클라우제비츠는 그의 유작인 『전쟁론』에서 전쟁은 "역설적 삼위일체"(a paradoxical trinity)라면서 ①맹목성의 자연적 폭력으로 간주되는 근원적 폭력, 미움, 적대감 ②창조적 정신이 자유롭게 활동하는 우연과 개연성의 작용 ③홀로 이성에 지배받는 정책의 도구로서의 종속성 요소로 구성되어 있고, 전쟁에서 승리하고자 한다면 위 세 가지 요소의 균형을 달성해야 한다고 강조하고 있다. 클라우제비츠는 ①의 근원적 폭력, 미움, 적대감은 '국민' ②의 우연과 개연성은 '지휘관 및 그의 군대' ③의 이성에 지배받는 정책의 도구는 '정부'에 해당된다면서, 국민, 군대, 정부의 삼위일체를 강조하고 있다. 이러한 클라우제비츠의 주장에 근거하여 서머즈(Harry Summers, Jr.)는 *On Strategy, I, II*의 두권을 통하여 미국이 수행한 베트남전쟁과 걸프전쟁을 분석한 후 베트남전쟁에서 미국은 '국민'의 요소를 제대로 고려하지 않아서 패배하였고, 걸프전쟁에서는 국민, 군대, 정부 간의 삼위일체를 달성함으로써 승리하였다고 분석하기도 하였다.

클라우제비츠의 삼위일체론은 『전쟁론』을 영어로 번역한 영국의 전쟁이론가인 하워드(Michael Howard)에 의하여 핵전쟁 시대 국민들의 역할을 강조하는 내용으로 연결되고 있다. 하워드는 삼위일체론에 바탕을 두어 전쟁에서 승리하기 위해서는 작적적 차원, 군수적 차원, 기술적 차원 이외에 사회적 차원(social dimension)을 중요하게 고려해야 한다고 강조하고 있다. 그에 의하면 핵전쟁에서는 사회적 차원이 더욱 중요하고, 핵공격의 시작이나 결과는 어느 쪽 국민들의 응집성(cohesion)이 크냐에 의하여 좌우된다고 말하고 있다. 핵전쟁에서도 끝까지 단결하여 피해를 견디는 국가가 최종적으로 승리할 가능성이 높다는 설명이다.

삼위일체는 기본적으로는 전쟁의 수행과 관련하여 소개된 개념이지만 전쟁의 대비에도 적용할 수 있다. 준비하는 대로 싸울 경우 승리할 확률이 높아지는 것이 전쟁이기 때문이다. 특히 핵전쟁의 '억제'는 평시부터 군사력이 운용되는 효과를 전제로 하고 있다는 점에서 더욱 삼위일체에 의한 대비가 필요하고, 그렇게 할수록 최소한의 노력으로 큰 성과를 거두거나 시행착오를 최소화할 수 있을 것이다.

〈삼위일체 내의 역할 분석〉

일반적으로 국가안보나 전쟁과 관련하여 가장 주도적인 역할을 담당하는 주체는 '정부'이다. 정부는 국가안보 차원의 위협을 식별하고, 그에 대응하기 위한 전략과 계획을 수립하며, 그것을 구현하기 위한 국가 수준의 조치들을 계획 및 시행한다. 정부는 "평시→전시→평시", 또는 "전쟁억제→전쟁수행→전쟁억제"로 전환해 나가는 과정에서 제기되는 제반 사항을 결정하고, 그러한 결정의 시행을 위한 강제력을 발동하거나 집행한다. 통상적으로 정부의 수반은 총사령관(Commander-in-Chief)의 직책을 겸하여 전쟁의 대비와 수행, 전쟁에 대한 국민들의 지지 확보, 전후의 평화 구축을 책임진다. 한국의 경우에도 대통령이 국군

통수권자로서 선전포고와 강화를 실시하는 권한을 보유하고 있다.

이러한 사항을 핵무기 위협에 대한 대비에 적용할 경우 정부는 북한의 핵위협을 파악한 후, 그에 효과적으로 대응할 수 있는 억제 및 방어의 전략을 수립하고, 그것을 구현할 수 있는 다양한 조치들을 개발 및 시행해야 한다. 북한이 다수의 핵무기를 개발한 상태에서 탄도미사일에 탑재하여 공격할 수 있을 정도로 소형화하는 데 성공하였다고 한다면, 이제 한국 정부는 북한의 핵무기 사용을 억제 또는 무력화시키기 위한 최선의 전략을 수립하고, 그것을 구현하는 데 필요한 다양한 조치들을 개발 및 시행해 나가는 주도적인 역할을 수행해야 한다.

정부 다음으로 국가안보나 전쟁과 관련하여 적극적인 역할을 수행하는 것은 '군대'이다. 군대는 국가의 의지를 적에게 강요하기 위하여 특별히 육성 및 보유하고 있는 국가의 공식적인 강제력으로서, 평시에는 그의 사용 위협(threat)으로 영향을 끼치다가 전쟁이 일어나면 직접 사용하게 된다. 전쟁과 관련하여 군대는 국가의 창끝으로서, 다른 분야의 지원(창대)을 받아 국가의 힘을 적에게 투사하게 된다. 당연히 군대는 적보다 더욱 우수한 병력과 장비를 확보하고자 노력하고, 정부와 국민들의 지원을 조직화하기 위한 동원체제도 구축하게 된다.

핵무기 위협이 존재한다면 당연히 군대는 상대방의 핵무기 사용을 억제 및 방어하기 위한 제반 노력을 기울여야 한다. 다만, 재래식 전쟁과 달리 핵전쟁에서는 군대의 노력이 한계를 지니고 있다는 것이 문제이다. 현대의 핵무기는 군대가 노력한다고 하여 완벽하게 억제하거나 방어할 수 없기 때문이다. 비핵국가의 군대는 상대방이 핵무기로 공격한다고 해도 그보다 더욱 심각한 피해를 끼칠 수가 없어서 억제력 자체를 보유하고 있지 못하다. 현대의 군대는 아직 공격해오는 핵미사일을 공중에서 모두 요격할 수 있는 무기체계를 보유하지 못하고 있다. 핵무기의 억제와 방어를 위한 군대의 능력이 충분해질 때까지는 정부와 국민들의 역할이 증대될 수밖에 없는 상황이라고 할 것이다.

삼위일체에서 가장 근본적인 요소라고도 할 수 있는 '국민'의 경우 오랫동안 전쟁의 결과에 따라 교체되는 지배계층을 수용하는 수동적인 역할에 머물렀다. 그러나 민족국가(nation state)가 등장된 이후부터 지금까지 200여년 동안 전쟁수행에 대한 국민들의 역할은 지속적으로 확대되었고, 현대에는 필수적인 요소가 되었다. 민주주의 국가가 등장하면서 국민들이 국가의 주인으로 부상하였고, 국민들의 정치참여가 활성화되는 만큼 전쟁에서의 역할도 중요해졌다. 현대의 국민들은 군대를 구성하는 핵심요소이고, 군대가 수행하는 전쟁을 지원하는 중요한 주체이다.

핵전쟁과 관련하여 국민들의 중요성은 더욱 커지고 있다. 핵무기는 국민들을 직접적인 대상으로 공격하게 되어 있고, 피해의 대부분도 국민들에게 가해지기 때문이다. 또한 핵전쟁에 대한 대비력을 어느 정도 수준으로 유지하고, 유사시에 그들을 어느 정도 적극적이거나 포괄적으로 사용할 것이냐는 것은 국가사회의 일체감과 정치적 의지, 즉 국민과 직접적으로 관련되어 있다. 특히 핵공격을 받았을 경우 국민들이 어느 정도로 피해를 감수할 결의를 지니고 있느냐는 것은 핵전쟁의 억제에도 상당한 영향을 끼친다. 재래식 전쟁에서도 정부, 군대, 국민의 삼위일체는 중요했지만, 핵전쟁에서는 더욱 중요해진 셈이다.

핵전쟁에서도 살아야 한다.

생존상식 10단계

1판 1쇄 / 2015년 6월 25일
지은이 / 박휘락
발행인 / 김진욱
편집기획 / 미르그래픽
발행처 / 21세기군사연구소
주소 / 서울시 영등포구 여의대방로 141 순흥빌딩 6층
등록번호 / 라-7085호
등록일자 / 1995년 3월 6일
전화 / 02-842-3105
팩스 / 02-842-3108
www.military.co.kr
krima@military.co.kr

값 10,000원

ISBN 978-89-87647-61-6 03810